小时光

圆圆夫人的居家生活整理术

[韩] 李蕙先 著

李小晨 译

中国水利水电出版社
www.waterpub.com.cn

Contents

Prologue

前言

1章 我的生活从花开始

从开始接触花的那天起，
我们的生活中就渗入了花的香气。
插花，养花，
平淡的日子也开始如花一般美丽起来。

2章 我住在租来的房子中

郊外又如何?
租房住又如何?
和和美美、满心欢喜,
难道还有比这更重要的吗?

3章 花点心思，打造温暖纯手工生活用品

我的宝贝针线盒，即使金银财宝也不换。

啊！不是，

如果有金银财宝，

一定要赶紧再去多买一些回来。

4章 对于女人来说整理收纳就是战争

如果所有东西都整整齐齐，放在触手可及的地方，就很容易找到收拾的节奏。但这种境界很难达到。因为这些小东西似乎都长了脚，不会老老实实待在原来的地方。

日日经历的，

平淡，

却有意义的

生活：

那些提升幸福感的小事

"夫人，将书的副标题定为'圆圆夫人的居家生活整理术'怎么样？"

在一个十分燥热的夏夜，而且是晚上10点之后，我收到了这条短信。发信息的正是这本书的责任编辑，内容只是这样简单的一句话，所以稍显不礼貌。而且，白天问不就好了，为什么非要在我快入睡的时候才发来，真是的！

"是是，很好，我这儿没问题"。

因为很是困乏，所以我有些缺乏诚意地回复了她。事实上，我觉得这个书名也没有什么新鲜高明的地方。"生活"就是那个样子呗。

但这还不算完。随后编辑又发来了一条关于生活的字典解释。难道编辑看出了我的心思？

"特别好！"

漫不经心地附和了她几次后，勉强结束了这次对话。当然，因为手机接连不断发出震动，我也被老公埋怨了几句。

但是第二天早晨，整理好家务，上网查看了"生活"的解释后，我终于明白为什么编辑会在那么晚的时间、那么不顾礼节地发短信过来。虽然"生活"一词常被我们挂在嘴边，但却很少有人思考其中的深意。生活就是人类这种生命的所有的日常活动和经历的总和。我每天所做的家务、烹制的食物、做的那些琐碎的事情，正是这些使我的家人得以幸福地生活。哪里还有比这更伟大的事情？原来幸福一直就在我手边。

"喝杯茶再走吧"

让人们体会到生活乐趣的博客"那处那家"

有种说法叫"管家婆"，曾经我以为"过日子"的意思和管家婆其实是差不多的。总是不想一辈子又扫又擦，做做饭就过去了。因为这个世界上还有那么多值得做的事情。所以我一定要进入职场，找到自己的一席之地，并且从事自己喜欢的职业。

就这样，我度过了自己二十几岁的青春时光，也度过了自己三十出头的那几年。作为"服装设计师"，我从不因加班和出差而抱怨。对这样的自己我感到很骄傲，也因此根本没有察觉到自己身体的变化。如果没有遇到现在的爱人，恐怕我还会一直保持着那样不见天日的工作状态。我和我的爱人是一起度过童年时光的小学同窗，20年后再相见时，我们喝着啤酒，在回忆过去并认可现在生活的过程中，决定走到一起。如今我们结婚8年了，最初的4年我们是双职工，然后就像现在这样，我作为"夫人"深居家中。曾经的职业女性成为了全职主妇。

为什么会这样？我感觉自己每天所做的事情毫无意义。只是别人这样做，我也就这样做了。而这时怂恿我开设博客的朋友为我播下了幸福之种。自此，我开始以"那处那家"的名字更新博客，将我每天的生活记录下来。

虽然并不知道什么人会看到我的博客，但是在记述的过程中，我产生了一种强烈的使命感，开始体会到平凡生活的伟大之处，同时也产生了要不断精进的想法。就这样努力地耕耘了几年，我不仅得到了"Naver*人气博客"的勋章，也得到了一双展翅翱翔的翅膀。

越来越多的人开始倾听我的故事，我也在和他们的交流中，找到了全新的生活方向。

* Naver为韩国著名门户网站之一。——编者注

我每天在家中上班

我将家视为自己的职场。当然这并不是我最初的想法。作为全职主妇，每天重复同样的事情，做同样的家务，不禁让我对这样的生活产生怀疑。但既然是自己的职责，为什么不欣然接受，并且做得更好一些呢？就这样，我慢慢转变了自己的想法，并且开设了记录生活的博客，下定决心后一切似乎都变得简单起来。

所以在老公上班后，我也利用这段时间在家中上班。而我的工作就是清扫、洗衣服、做饭、家居布置、缝纫等。如果想要样样精通，真是没有一刻得闲。我既没有苛刻的上司，也没有要看脸色的同事，我只要按照自己的想法去做就可以。世界上没有比这更令人愉悦的事情了。我每天打理生活，也打理心情，只为遇见最好的自己。

做家务要用心，与技术无关

就这样，我每天做着家务，做着小手工，只为让我的家变得更加干净与舒适。现在我已经是拥有8年家务经验的主妇，虽然也会怀疑这样是否虚度了时光，但是我很享受"整理"的过程。不，应该说是为了更快乐地生活而享受这一过程。

"怎么能做到这些？怎么能既擅长家居布置，又擅长烹饪？懂设计、会插花、会种菜，还会缝纫……人怎么能如此全能？"

就在决定出版这本书的那天，出版社的编辑这样问我。

"我原来就做得比较好啊！"

听过太多夸大的溢美之词，所以我也回答得随便了些。但是我知道，之所以做得好不是靠技术，而是要用心。用心才能体会到其中的趣味，而有了兴趣才能散发出光彩。我的努力决定着全家人的幸福指数，所以在做家务时我也满怀着对家人的爱。

我想与所有主妇们和既要工作还要兼顾家务的上班族分享我的这份心情。每天因为繁琐的家务而疲惫不堪的我们，因为"黄脸婆"、"管家婆"等称呼自尊心受伤的我们，在没有尽头的家务面前失去希望的我们，勤俭持家、省吃俭用的我们，在家务中感到绝望的我们，为了家务放弃梦想的我们，我想与大家一起整理生活，整理人生，重拾生活的快乐。

此外，我要向我的爱人致谢，感谢他对我不断挑战的支持。同时也感谢访问我博客并给予帮助的网友们。如果不是他们鼓励，我不会有出书的勇气。当然也要感谢不分昼夜敦促我更新博客、上传照片的编辑们。我愿意与读者们携起手来，一起寻找生活的快乐与希望。

快乐其实很简单，在于你怎样去找寻。

"圆圆夫人"李蕙先

我的生活

从花开始

"我要学习插花"

当我第一次说出这句话的时候，

老公说我笑得像花一样。

因为这是在工作与家务中身心俱疲的我

重获幸福的一条途径。

他了解我的想法。

从开始接触花的那天起，

我们的生活中就渗入了花的香气。

插花，养花，

平淡的日子也开始如花一般美丽起来。

我的梦想就是拥有一座花香四溢的小院

My Home

Veranda
by red geranium

卧室阳台上如温室一般的花田

　　"有院子的！我要有院子的房子！快点给我买嘛！"我时常这样对老公撒娇。但是每到这时，老公就会告诉我家中经济条件还不允许。最终我只能在阳台插上篱笆，围成小院子，在这里种花，但每当我把花盆搬进阳台时，老公总是一脸担忧的表情。即便这样我仍然坚持。结果，卧室的阳台就这样一年四季花开花谢。

学习养花是在结婚后不久。

之前的10年里，作为时尚领域服装设计师的我，

每晚回到家时往往已经筋疲力尽。

每天毫无激情地重复着同样的生活。

而且经常加班，

毫无个人时间。

所以我急需一个能够释放的窗口。

而这个窗口就是花。

每逢周末我都会去课外班学习养花。

虽然身体很累但是心情愉悦。

绿叶、果实、杂乱的土壤和碎石……

对于我来说花远比钻石可贵。

而花盆就是我的游戏场所。

我第一次了解到

原来做自己想做的事是如此快乐。

也正是从这时起我家的花盆开始多了起来。

客厅里、卧室里、厨房里、门厅里……

一盆一盆的花不知何时已经形成了一片花田。

阳台被花草覆盖，而花就是我的宝贝。

曾经跃跃欲试想要拥有一个小庭院的我，

在这里玩得不亦乐乎。

就这样，我和花一起度过了3年时光。在这个过程中，我俨然已经

成为了一名全职"夫人"。所以我将自己的网名

起为"圆圆夫人"。"圆圆"是因为我的脸很圆，

老公给我起了这个爱称。所以随着博客的开设，

我也成为了"圆圆夫人"。

我喜欢的花与植物们

三色堇

风铃花与三色堇

绣球

绿之铃

罗勒

葡萄风信子与圣诞蔷薇

天使泪

最善良的花"天使泪"
用同样的植物演绎不同的风情
天使泪，叶片小而密。装在不
同的容器中，样子也会不同。
满满地装在小花盆中，或者放
在较大的容器中，只占其中的
一角。

葡萄风信子

风铃花

蔷薇

迷你水仙花与风信子

种在木箱子里的红色天竺葵

将风信子种植在高度不一的花瓶中，摆放在一起就能形成一道风景线。

像果实一般可爱的多肉植物，玉珠帘、虹之玉。

这些小不点

排成排种在花盆中，

或者几个一群摆放在一起，

就像过家家一样。

我玩得很开心，和我的花草一起。

她们就像是过去那种在婆婆面前唯唯诺诺的儿媳妇一样，

特别听话，对我的话唯首是瞻。

真是心思细腻、讨人喜欢的孩子们！

从左到右，分别是玉珠帘、虹之玉、观音莲。

放在白铁皮的花盆中，更显淡雅，

也更加喜人。

就像身穿白色连衣裙的少女一般。

当内心忐忑、惴惴不安的时候，和花草在一起总能使你放松下来。

1 选用塑料把手的花铲和花叉（三齿叉）。2 用途广泛的大小木箱子。3 空铁罐，既可以装石头、泥土，也可以种花。4 采集树枝，将其捆绑在一起，当然也不要忘了采集一些木块。5 将苹果箱子、红酒箱子收集起来，它们是不错的园艺工具。6 用带铁网的木箱子种花草能够凸显出田园风。7 因为要工作很长时间，我还铺上了帅气的凉席！8 用于扫土扫落叶的小扫把。

铁皮罐、花盆、木箱子、铁网……
什么都不能过于华丽。

工具，越简单越好

男人们在花店买花时经常犯一个错误，

那就是用很贵的花盆来装很便宜的花。

听说谁的店开张了，谁又搬新家了，

每到这时都要送上花盆作为礼物，但往往是一种浪费。

因为本来很漂亮的花却被装在了过于花哨的容器中，

什么花纹啊、斑点啊，

放在这种容器中，原本的美就全被破坏了！

就像大脚穿小鞋一样，根本不搭调。

这是我开始对花有所研究后领悟到的。

不管什么都不能掩盖住花的美。

越是朴素、淡雅的容器反而越能提升花的价值。

所以我家中的花不是被种在四四方方的木箱中，

就是圆圆的铁皮罐里，抑或陶制花盆中。

至于有些必须种在塑料盆中的花种，

则可以用杂志、报纸包裹花盆，

或者用布的边角料装饰一下。

所以说根本没有必要买太贵的花盆。

因为即使是将一把用麻绳捆绑好的树枝放在一旁

都是很好的装饰。

而且像乱丢在一旁的花铲或者簸箕，

不也是杂货风的特色之一吗？

虽然不是真正的院子，但确实是我动员所有资源打造的。

所以我家的花田，已经成为了我幸福的源泉与追求梦想的地方。

喝水就能生长的植物

土培植物很可爱，只喝水

就可以茁壮成长的水培植物也惹人怜爱。

不管是在水里，还是在土里，

不管在哪里，生命本身就令人十分感动。

在酷暑来临之际，

将一枝常春藤放入水瓶中摆放在台子上，

竟然就像装饰了一幅画一般。

绿意盎然，生机勃勃。

在水中绽放的叶子与花瓣
　　这些各不相同的植物们，姑且称之为"水树"

种植"水树"的快乐

1 为了纪念妈妈，我选择用妈妈使用过的旧铜碗作为它们的家。中间深绿色的是水白菜，稍微浅一些的是万代兰，紫色的是绣球花瓣。如果将它们放在比较小一点的容器中，然后摆在桌子上的话，一定能提高家居品位。2 在比较大的容器中种上了玉簪花、水白菜、水生半枝莲、旱伞草等。如果容器够大的话，就可以像这样将各式各样的植物汇聚一堂，这也是种植水培植物的乐趣之一。如果再用石子装饰一下的话，就更加有味道了。

我妈妈是一个十分争强好胜的人。

即使是随便应付一下就行的事情，也一定要力争第一。

特别是对烹饪、种花尤为上心。

小时候，爸爸在忠州开诊所，

我们家就住在诊所的二层。

没有院子，四周都是水泥墙壁，

但是妈妈却把这里变成了花的海洋。

也是，妈妈的那股热情是谁也挡不住的。

即使是可以在附近买到的花，也一定要到首尔买。

至今我还记得妈妈总是抱怨"就算把我们这里所有的花加起来，也超不过十个手指头"，

然后毅然决然地跑到首尔瑞草洞的花卉市场去买花。

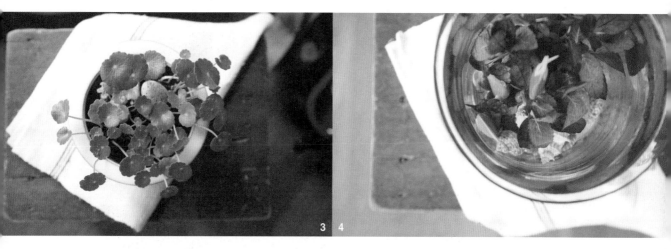

3 这种叶子又圆又小的植物叫做铜钱草，英语叫water coin。既可以土培也可以水培。放在白色容器中，更显淡雅。4 鱼缸中放入五光十色的热带鱼。如果觉得还不够，可以再放入一些贝壳或者海螺。但是，在鱼身上有个秘密。它们看起来像鱼而已！这些只不过是塑料玩具罢了，是我为了搭配这些植物而买来的。

那时，托妈妈的福，

我第一次见到了开放在水中的玉簪花。

从前一直以为花和树一定要生长在土壤里的我，

在看到水培植物后的第一感觉就是神奇。

所以至今我都会放一些水培植物在身边。

并且每每想起妈妈，我都会望着它们。

即使看起来仿佛就像要与世长辞一般无精打采，

即使被连根拔起，只要放入水中就能重新焕发生机。

只要勤换水、用心养，这些小东西就能够健康成长，这就是"水树"。

生长在塑料桶中
毫无美感可言

给风信子建个新家

虽然在家中可以穿着沾有汤渍的运动服，

但出门前一定要在镜子前好好打扮一番。

我总会这样想：

人一定要打扮才行。外表是很重要的。

虽然不需要穿很名贵的衣服，

但一定要得体美观，

这是我们追求幸福的权利之一。

为什么？因为我们每个人都独一无二。

花也是，和人一模一样。

刚刚从花店中买回来的植物，

看上去总是那么可怜。

比如水培植物一般会盛放在

装满水的塑料瓶里。

实际上给这些孩子换个家

相当简单。

我有时甚至会想如果自己的家也能如此轻而易举地改造就好了。

因为根本不需要花任何钱，

只要将玻璃瓶再利用就可以。

最后写上名字，它们的家就焕然一新了。

1准备好空玻璃瓶和碎石子。2选择高度适当的玻璃瓶。3在玻璃瓶中放入适量的石子。4在玻璃瓶中倒入足以没过风信子根部的水。

那么一起来给他们建个新家吧？

真是乖

我的

BOX GARDEN

"想要间有院子的房子怎么了,

我自己DIY一个不就行了嘛。

我要在大大的木头箱子中种上我喜欢的植物们。

我总是一边拍掉手上的泥土,

一边自言自语。

这不是院子

谁敢这样说? "

苔藓和石头，越朴实越好

我喜欢苔藓和石头。

毛茸茸的苔藓从不抢镜，

和任何植物搭配在一起

都很合得来。

而遍天下都有的石头

虽然不名贵

但恣态各异。

所以我决定以后一定要

多给这两个孩子一点爱。

像理了板寸的新职员一样
永远不会受到大家的瞩目……

重新认识苔藓的风采

我过去一直认为苔藓很脏。不，说恶心也许更加恰当。

因为根本找不到一点优点，又湿，颜色又深。

而且生性喜阴，总感觉徘徊在边缘。

即使是后来长大了，我依然对苔藓没有什么兴趣。

而且还会想，人们这么忙碌怎么会注意到苔藓。

但自从开始研究花开始我便喜欢上了苔藓。

苔藓虽然不受人关注，但是用途很多。

例如在寒冷的冬天，苔藓就像棉被一样，铺在哪里哪里就会温暖。

这就是苔藓的力量。

所以我想让苔藓成为主人公。

不要只是陪衬，继续它配角的"人生"！

只要将苔藓种在陶制的花盆中，

一个个地排列开来，真是不比任何花逊色呢。

某一天，在种兰花的时候，想起了苔藓。原本只要填充一些树皮（肥料）即可。但是我认为如果放上一些软软的苔藓一定会更好！

所以在种完兰花，填充好树皮后，我在上面铺上了一层软软的苔藓。并且在旁边还放上了一块十分朴素的石头，这样无声中增加了兰花的气质。这就是苔藓的过人之处。

将叶子、石头、苔藓、蜡烛等组合在一起作为桌上的摆饰。在酷暑中，能够帮助我们重新找回内心的安定。不论是颜色，还是触感都能给人一种自然的感觉！

拳头般大小的、栗子般大小的，以及棋子般大小的石头……将这些在地上滚来滚去的石头带回家

对石头的再发现

小时候，石头对于我来说既是武器，也是玩具。

例如受到小男孩欺负时，捡起石头扔出去，

这时候石头瞬间就变成了强大的武器。

而在做游戏时还可以成为道具，

所以也可以说石头就是我的玩具。

也许是受到小时候这种经历的影响，

喜欢用石头堆小山的我，不管走到哪都会搜寻漂亮的石头。

常常回家时口袋里、书包里都装得满满的。

自从我喜欢上用石头作装饰后，

阳台上的铁桶中就装满了石头。

将相似的石头放在架子上可以起到装饰作用，

放在透明的玻璃瓶中摆放在桌子上也很不错。

此外石头还可以扮演书架的角色。

而在特别的日子里，用石头作为桌上的摆饰也是不错的选择。

在灯光下······

阳台花园的顶部

装有一盏灯。

就像小时候的阁楼一样。

在灯光下，

所有的事物都异常明亮。

即使是空荡荡的角落，

如果开一盏明灯，

也会别有一番风味。

而在阳台上，

放上这样一盏小灯，

总会使人感叹

"真好，真是太幸福了"。

花束基本款、树枝环

扁柏枝组合花束   冬青枝组合花束   落叶花束

花朵传达的祝福——花束和花环

花束

花束（Wreath）起源于14世纪，当时新娘们流行用蕾丝蝴蝶结捆绑干花、干叶子或干稻子等拿在手中。此外还有圆形的花束，用途和用意都与花束类似，被称为 "Garland"。

而这种用花编织、类似帽子的装饰品就是花环。

花束和花环都能给人带来浪漫的感觉。

也许是因为它们诞生的最初意义

就是为新婚夫妇送去祝福。

就连平时从不追求浪漫的我，也迷上了它们。

所以只要手头一有材料我就会制作花束和花环，

而且在时间充裕的情况下，比起去外面买，

我更喜欢送给别人自己制作的花束和花环。

这样一个一个制作下来，现在我的家可以说就是花束的世界。

而且每做好一个我都会给它取个名字并找一个位置摆放好。

例如挂在墙上、装饰在门厅里、或者挂在窗边，

这些不管放置多久都一如当初的

孩子们对我来说比任何宝贝都要珍贵。

棉花+松果+莲蓬 花环

鹅掌柴 花环

莲蓬+松果 组合花环

千日红花环

红色千日红花环

松果+肉桂+狗尾草 花环

绣球花环

纸花花环

绣球+桉树叶+棉花 花环

花、叶子、果实、水果、蜡烛……
都是花束的制作素材

我们家就是花环作坊

最初只是因为喜欢制作花环而收集了这些材料，
而随着成品的增加，其卓越的装饰效果便显现了出来。
从干玉米、橘子片、核桃等食物，
到松果、纸花、干花、迷你花盆等，
只要将这些点缀在树枝编织而成的冠体上，
就能有相当不错的效果。
每次看到它们我就会想，
这就是大自然的馈赠。

大自然的产物们不论怎么搭配，都相得益彰。

冬天，将像白雪一般的棉花，制作成花环

两种风格的棉花花环

在我之前的作品中，
最受欢迎的就是它了，棉花花环。
我的邻居们都称赞它，
虽不华丽，却别有一番魅力。
而且还可以在棉花花环上点缀一点松果和莲蓬。
当然在其他干花制作的花环上
加入一点棉花，也可以瞬间营造出一种柔软的感觉。

松果 我将松果放在了阳台的铁桶里。
都是我秋天爬山时捡回来的，还有部分
是购买回来的。这是制作松果花环最佳的材料。
即使装饰上一两个，也能起到很好的效果。

莲蓬 莲花浑身是宝。而其果实就是莲蓬。
对于治疗心跳过速、心慌、失眠都很有效果，
当然也十分适合用于制作花环。

棉花 棉花在完全成熟后，棉絮就会变得松软。
怎么说呢，只是看着就能给人一种仿佛盖着
棉被一般的温暖感觉。
与松果搭配在一起，
简直就是天作之合。

沙沙，带有松涛声音的
松果花环&莲蓬松果花环

松果 圆圆的松果，看起来朴实无华，
组合在一起却能带给人一种浪漫的感觉。
也许松果本来就是要搭配在一起才有效果吧。
挑选大一点的松果装饰在花环上，十分赏心悦目。

干狗尾草 记得小时候我会摘下一截狗尾草，在弟弟睡午
觉的时候偷偷放在他的鼻孔里挠他痒痒。原本就肉呼呼的
狗尾草晾干后也大有用途。当然，现在干狗尾草只有从专
门的花卉卖场才能买到。

肉桂 看照片大家一定还以为它能散发出咖啡的香气。
当然也可能让大家想起姜汁柿饼。
像这样将三四个肉桂用麻绳捆绑在一起
放在花环上，也能够呈现出一种优雅的氛围。

制作迷你松果花环

1 准备材料。对于初学者来说，一上来就做太大的花环不容易上手，
所以先尝试这种手掌大小的花环最为合适。这些材料都可以在花卉市
场轻而易举地买到。而且只要购买花环框架、松果、酒椰叶、胶枪就
足够了。2 用胶枪将松果黏在花环的框上。如果没有胶枪也可以用强
力胶，但是很容易黏到手上，所以要特别注意。3 涂上胶后不要马上
黏上去，稍微等一等再黏。用强力胶时也是这样。4 只要将松果一个
一个黏到框上面就可以，小的花环大概黏10个左右就足够了。5 看！
这就是完成好的迷你松果花环。如果觉得松果聚集在一起颜色太深太
暗，可以再装饰上用酒椰叶制作的蝴蝶结。氛围一下子就会改变。6
虽然迷你花环实用性不强，但是可以作为礼物送人，因为是自己亲手
制作，所以更具意义。我曾经在圣诞节的时候将亲手制作的花环送给
邻居们作为礼物，大家都十分喜欢。看来什么都比不上亲手制作的礼
物更珍贵。将花环装入透明包装纸中，再放入一些圣诞树装饰品，真
的不亚于其他名贵的礼物呢。

在制作花环的时候我常常想，
花环和女人很相像。
因为即使使用相同的材料，
如果精微装饰一下，
就会像女人的妆容一样百变。
所以我常常一边在花环上系上蝴蝶结，
点缀干果，
一边自言自语：
女人还是要打扮，
而且像这样边做边享受的感觉真是太好了。
同时还能使人变得更漂亮。
特别是在圣诞时节，将松针、松果、
莲蓬、干果、肉桂等制作圣诞花环，
并装饰上蝴蝶结，
一下子就可以营造出节日的氛围。
如果没有材料、也不懂装饰的话，
用蝴蝶结捆绑松枝
制作一个松枝花环也是不错的选择。

像公主一样系着蝴蝶结，气质非凡的
莲蓬松果花束

一种花，一朵、一朵…… 一种果实，一粒、一粒……

千日红迷你花环&锦秀木花环

千日红，花语为"永远不变"。
这种小而圆的野花，不论何时都那么可爱。
据说这种花即使过了一千天也不会变色，
所以得名千日红。这与"永恒不变"的花语
倒是十分相符。
千日红常被干燥保存。
所以可以用千日红干花制作花环。
而且不需要搭配其他材料，只要系上一个蝴蝶结
就足够可爱了。
这样的单品，简单易学。
希望初学者们多多尝试！

制作千日红迷你花环

1 千日红干花既可以购买，也可以自己晒制。可以倒置晾晒，也可以放在花瓶中晾晒。
2 将花与枝分开，将花单独放置。
3 用胶枪在花背面涂上胶，晾后黏在花环框上。
4 千日红迷你花环完成。既不需要其他装饰，也不需要使用其他颜色的花。单色的花环更显淡雅亮丽。

红色的千日红晒干后十分适合制作圣诞节装饰花环。
再用红色的毛线编织成蝴蝶结作为装饰……
就更加美妙了。

用从广场上捡回来的果实
制作锦绣木花环

住在郊外公寓的好处是出了家门
就是大自然。
看看有什么好东西没有，在东张西望的过程中
我发现了锦绣木的果实，
那样尖尖的、小小地散落在地上，
而且周围还有一些红色沙果，
所以我将它们都带回了家。
我用裙子将它们兜回家后，
就开始着手装饰花环。
用胶枪黏了大约20分钟后
花环便完成了。
最后在锦绣木果实中间装饰上
红色的沙果
真是十分可爱的小东西呢。

茂盛的绣球花，别具魅力

绣球花花环

我喜欢绣球花。
小小的花瓣聚在一起
成为一体，
是多么了不起的事情啊。
而且只要将绣球晾晒好，
就会显现出有别于鲜花的另一种感觉。
将花瓣摘下来整理好
黏在花环上。
黏的时候
使用胶枪效果更好。
最后放在架子上。
啊！这就是我想要的感觉！
干花与树枝浑然一体。

买回莲藕后切片晾晒

莲藕花环

橘子、苹果、梨、胡萝卜……
水果、蔬菜，
不仅仅是新鲜的时候最好。
将它们切片晾晒后
又会是另一种感觉。
在做莲藕的时候
我突然想到了一个idea。
那就是要将莲藕也晾干做成花环！
先将莲藕切片，然后放在盐水中焯一下，
最后放在台子上晾晒，
不需多日就可以晾好备用了。
将几片莲藕组合在一起
然后黏在花环框上。
嗯，很不错！
然后再将锦绣木果实和落叶黏在上面，
就大功告成了。

像雪花一样飞舞的考瓦葱婚礼花球。

最后的花事
为新娘准备的婚礼花球

自从开始接触花，我就开始为之痴狂。

现在亦如此。

而且说"痴狂"一点也不夸张。

虽然也有像"迷上"、"恋上"这样的词语。

但就我现在的状态而言，

其他词语都不足以形容。

因为我看到花、看到树就会不自觉地嘴角上翘，

一心想要带回家，多少也不嫌多。

在我的尝试中也包括制作婚礼花球。

并且我还为即将结婚的朋友制作过几次，

可以说颇有经验。

在制作花球时我会变得十分虔诚，

因为这是新人们重新出发，

成为人妻、成为人夫的见证。

所以我总是怀着一颗虔诚的心，

将我送给他们的祝福

寄托在这小小的花球之中。

新娘佩戴的鲜花发饰有一种神秘而美丽的感觉。而且除了婚礼之外还有什么机会头带鲜花呢。所以要记住这个瞬间，这个如花般美丽的瞬间。

1 淡粉色，像新娘一样害羞的风信子婚礼花球 2 不夸张很适宜的郁金香花球
3 秋牡丹、毛茛、非洲菊、常春藤果实组合花球 4 端庄淡雅的马蹄莲花球
5 新郎手捧郁金香花球！

瞬间永远，如千日红花一样……

一 定 要 幸 福 ！

那种想要装修又很犹豫的心情，

租房住的人一定了解。

仿佛是借来的车，

用几年后又要还回去。

除此之外，我还时常想，

我一定要建一座自己的房子。

所以我们夫妇的最终目标

就是要建一座带院落的小屋。

怀揣着这样的梦想，我不知不觉开始装饰现在这间租来的房子。

因为我不希望自己一直活在对"以后"的期待里，

对于我来说"现在"才是最重要的。

想到这个空间里

到处充满了我的味道，我的情感，

不自觉地就开始产生一种执念。

而且租房子之后我发现

装修不一定要花很大代价。

下面就毫无保留地向您介绍我的装修经历，

擦擦、扫扫、这里添一点、那里装一下，用心去做就可以了。

我十分理解大家的心情，

因为我和你们一样，

我能体会到大家想将自己的房子装扮得更加漂亮的那份渴望。

我住

在租来的房子

中

郊外又如何？
租房住又如何？
和和美美，满心欢喜。
难道还有比这更重要的吗？

我租住的家

"我们以后去乡村生活吧。"

不知是不是因为童年

都是在乡村度过的原因，

我和老公生活在纷繁复杂的首尔，

时不时就会产生这样的想法。

仿佛在那能挖出金子一样，

我们总把"田园生活"挂在嘴边。

实际上我们两人已经走遍了智异山*，

就是想找到一处可以建造房屋的地方。

但是老公还要到首尔上班，

在这里住还是不太现实。

但不管怎样，我们现在离开了首尔，来到了这个类似乡村的地方。

它既不是首尔、也不能被称为乡村。

是一个介于二者之间的地方。

因为是在郊外所以房价低廉，也不用算计房子的面积。

在住进去后，我总觉得要做些改变才像自己的家，

所以决定自掏腰包将房子重新粉刷一遍。

因为用了环保涂料，所以一点怪味也没有。

在这所高档的公寓里我们在床上兴奋得滚来滚去，

"真好！新家真是太好了！"

已经在这里生活了几年，

我就一直这样擦擦扫扫、种种花而已。

---

* 智异山为韩国南部的一座山峰。——编者注

"虽然是租来的房子，但住在里面的人不是租来的。

所以要像主人一样，装扮自己的房子。

我选择用最高级的环保材料将房子粉刷一新。

加上工钱一共花了80万韩币*，但我一点也不觉得心疼。"

* 约合人民币4650元。——编者注

ore

因为不喜欢原来的壁纸花纹，所以我用环保涂料将两间卧室和厨房都重新粉刷了一遍。

选择美国产环保油漆 "the Edward"

after

虽然在灯光的照射下看起来是粉色系的，但实际上这是一面白色的墙壁。恬静的蓝与白，粉刷上这两种颜色后，才有了一种"自己家"的感觉。白色油漆选用的是"the Edward"DEW 340，而蓝色油漆选用的是DE 6318。

陶制铭牌。浴室、卧室、更衣室，都挂上铭牌。

▶那些大工程虽然让我们望而却步，但平时可以花上几十块钱买一些小东西。其实这样也很不错！比如买个框架，自己刷上颜色后，选择喜欢的照片放进去。

▼因为找了个爱折腾的老婆，所以动不动就要组装个家具，种个树什么的。凭借老公的手艺，迷你抽屉一下子就完成了。

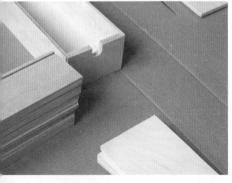

现在DIY家具的半成品组装起来很方便，所以比起买成品家具来说，自己组装更加经济。

装修一定需要花钱。有钱才能完成。

我并不是不知道这一点。

但即使没有多少钱，

我还是决定将我租来的房子重新装饰一番。

当然这也并不是什么大工程，我只是诉诉苦罢了。

说了要装修房子，结果什么也没有添置，不是很丢人嘛？

我们一家人居住的房子

位于京畿道南阳州，是一所小公寓。

不管其他的摆设怎么样，墙壁还是需要粉刷的。

因为刚租下时，墙壁上贴满了各种花纹的壁纸，

真是欣赏不来。估算好需要粉刷的面积后，

就开始准备了。能够粉刷上自己喜欢的颜色固然是好，

但是考虑到很多人住进新装修的房子反而会生病，

所以我选择环保油漆。这也是这次装修中花费最大的一部分。

但我觉这个决定是绝对正确的。

颜色好看，没有刺鼻的气味，何乐而不为呢？

剩下的就没做什么了。至少都称不上是大工程。

只要重新摆放一下家具，再挂一些装饰品就可以了，

虽然也需要其他的装潢，

但不能心急，要慢慢准备。

这次的装修十分简单，只讲求实用。

看来我和老公还是比较实际的。

当然我们也追求更好的生活。只要时机成熟，我们也想活得更加多姿多彩。

总有一天，我要拥有一所带院子的房子，尽情享受自然有机的生活。

粉刷油漆！
制作小家具！
购买装饰品！

出租房的平价装修日记

Living Room

经济实用的出租房装修秘诀：

在家具
和装饰上下功夫

这里就是我们夫妇的乐园——客厅。
我们家的客厅就像一个运动场。仿佛搬来之前已经被改造过一样，
客厅和阳台是打通的。
总之有很多不满意的地方。
因为都不如自己所愿。
地面、房门、水槽、壁柜……因为不是自己的房子，所以根本
不敢有改动的念头，但不论是黑漆漆的色调，还是暗沉的家具，
都像插在眼中的刺一样。即使这样又能如何呢？
要拔掉这些刺的话，恐怕连房梁都要晃动了！
所以只能睁一只眼，闭一只眼，只看那些好的部分。
而这些怨念也只有在生活的其他地方释放了。
例如在搬家时带来的家具和装饰品上多花一些心思。
在它们身上花钱，我一点也不吝惜。
"旧房，变新家"就是我的工作。
可虽说是装修，却并不是购买多豪华的家具。
因为我本身更喜欢那些小而精致、并且拥有自然之美的东西，
所以选择了实实在在的硬木家具。
在客厅摆放上沙发、桌子、小柜子和书架。
而且除了沙发外，其他家具都选择了多功能型的。
正所谓挂在鼻子上就是鼻环，挂在耳朵上就是耳环。
沙发变床，书架变饭桌
都只是时间问题。
这些随时可以变身的家具
就是装修的核心。

延展椅 可有可无，但有会更方便。而且老公特别喜欢它。结束了一天的工作之后，将疲劳的双腿放在上面，边看电视边吃水果或者看书是多么惬意的事情。如果觉得不喜欢了，只要换个椅罩就可以，相当实用。这把椅子是在"宜家"购买的。

花环 花环是装饰品之一。如果花钱购买，十分昂贵，但是如果自己做就能节省一半以上的费用。我特别庆幸自己学过插花。图中的这个花环，就是我一片叶子、一片叶子，用心制作而成的"圆圆夫人"牌手工花环。哈哈！

沙发 我就是个贪心鬼。只要看着喜欢就不想错过，只要听起来心动就想买回家。如果真如我所愿，大概我家就要成为一座超级家具卖场了。所以为了满足我的这种心理，就购买了这些多功能家具。沙发也是如此。这种沙发可以轻松更换沙发套，瞬间改变家里的氛围。当然也是在"宜家"购买的。可以每季都更换靠垫套，呈现出新的感觉。

电视柜 我们家大多数的家具都是家具厂直接生产的没有特殊设计的家具。电视柜当然也是量好尺寸后，到家具厂挑好木材直接制作的。因为所有家具一起订购，所以不清楚单品的价钱，总价大概55万韩币左右（约合人民币3190元）。

阳台桌&椅 客厅的窗户特别大。我不能将这么好的资源闲置。当然并不能"打开窗就能春暖花开，面朝大海"，充其量就是能够看到对面的建筑。该怎么办呢。我还是决定到家具厂定做两套桌椅。

沙发桌和垫子 一般来说，如果客厅比较小，最好省略掉沙发桌。但是我家属于那种客厅特别大，但物品又不是很多的类型，所以只能用沙发桌来装饰。但在商店里看到的沙发桌，不是装饰过于繁琐，就是冰冷的玻璃和钢铁组合，好不容易看到满意的价格又太贵，所以最后还是选择了木质桌子。因为不知道以后会用在什么地方，所以定做了两个一样的桌子。而铺在桌子底下的大垫子是在网店买来的。

试衣镜 来我家做客的朋友们都对这个试衣镜爱不释手。实际上我买来这面镜子也不是单纯为了照，而是想要打造一个看起来很高级的空间。制作这面镜子的费用并不贵，主要是油漆方面的花费。为了找到喜欢的油漆颜色，我走访了很多油漆工厂，最后才选定了这种颜色。哎，其实不用这么麻烦的。我确实有点小题大做了，是吧？

这是婆婆送给我的碗柜，

平时像神坛一样摆放在客厅的一角。

但碗越来越多，

所以干脆将其装饰起来，像过家家一样摆上我喜欢的小东西。

啊，曾经妈妈也是这样用碗柜的。

在公公婆婆的果园里发现这块木头的时候。我不仅眼睛
都要掉出来了，口水也快流出来了。所以立刻
就带了回来。最初的裂纹
随着时间的推移越开越大，正好放下一个
鞋拔子。这块木头也就自然而然成了鞋拔子的固定居所。

为什么这种陈旧的感觉如此之好呢？仿佛是刚从废弃仓库中出来一样，将这样一把木凳放在门厅里。
穿鞋和拖鞋的时候坐在这儿，正合适。

嗔怪我大手大脚，
却给予我们无限关爱的老人

我那慈祥的婆婆

我是果园园主家的儿媳。年迈的公公婆婆
至今都在忠州的土地上面朝黄土背朝天地耕作。
梨树、苹果树、李子树、葡萄树、柿子树，
他们用树上的果实
哺育自己的子女。
我十分喜欢两位老人土地般的笑容和宽厚的胸怀。
因为对于很早就失去双亲的我来说，
他们就是我的父亲，我的母亲。
婆婆说她出嫁的那天是个"特别的日子"。
冰箱被各种水果塞得满满的就算了，
还有很多人在厨房里翻来翻去
并央求着"这个，给我吧？"
公公家兄弟很多，婆婆嫁过来的时候不仅要给小叔子喂奶，
每天还要给家里的十几口人做饭，
但婆婆只要看到大家吃得很香，仿佛就感觉不到疲惫了。
"你怎么连这些地方都像我呢？你上次做的鱼汤
大家都喝完了还剩下好多，害得我一连喝了好几天，孩子啊。"
我知道，婆婆虽然表面上在批评我大手大脚，实际上言语中却充满了对我的爱。
我不仅喜欢婆婆，也许喜欢婆婆用过的东西。
因为这些东西上面不仅有岁月的痕迹，
也有婆婆人生的痕迹。
实际上，前不久我还在婆婆的酱缸里发现了一个圆形的木头盖子。
于是马上拿了回来。因为太喜欢它那像婆婆一样朴实的样子了。
将它放在阳台铁桶上面不仅看起来很漂亮，还能让人心情愉悦。
"妈！下次我去您那儿，再给我一个吧。嗯？"

床铺、衣柜、花开满地的阳台
还有两颗相爱的心

温暖朴素的卧室装饰

老实说我家的卧室里没有什么特殊，只有床、衣柜和抽屉。
这些都是结婚时买的。如果说装修，只能说是
将家具放到合适的地方。也就这样了。所以为了让卧室更缤纷，
我开动脑筋想出来的方法就是打造一座阳台庭院。
因为客厅没有阳台，只有充分利用卧室的阳台了。
我要用四季盛开的花儿们来装点我的卧室。
从结果来看这的确是个不错的选择。这片小小的空间里，因为有了庭院
才有了缤纷色彩和一室芬芳。
就算是再珍贵的名画，再昂贵的家具都不能比这更生动。
卧室就要给人一份安宁的感觉，让每天结束得没有遗憾。
装下那份没有虚假、单纯而美好的爱和那份互相扶持的心。
这样的卧室，即使掺杂一些饭菜的味道也丝毫不觉得欠妥。
而且在装饰卧室的过程中我还许下心愿。那就是一定要在这个暖意十足
的空间里，和我的爱人一起慢慢变老。

旧木架子 把床头部分拆下之后，就总感觉有些空。也尝试着挂上相框或者花环，但都不是很满意。就这样过了一段时间，有一天我终于找到了这块心仪的木板。原本这块木板是传统韩屋中的一块，现在被我搬回了家。因为木板不是很宽，所以钉在床上边也不用担心撞到头。摆上几件小物品，别具一格。

床具 这张床最初购买回来的时候是有一个白色床头的。用了几年之后突然感到厌烦，我想"难道不能改造一下吗"，最后决定将床头拆下来。从无到有往往令人惊喜，但从有到无似乎也能给人一种新的感觉。

阳台花园 装修卧室的时候没有对卧室内多下功夫，反而对这小小的阳台尤为上心。因为这是一方能够让卧室开满鲜花的宝地。这里的大多数摆设都是从盘浦高速公路汽车站京釜线3层花卉市场购买来的。而放在阳台一角的椅子和书桌则是趁网店打折时抢购的。

寝具 比起花花绿绿的床单被罩，我更喜欢这种白色的。虽然颜色深一些可能不容易显脏，但却会影响心情。白色寝具便于搭配，可以任意选择其他颜色的枕头套或者靠垫。而且比起颜色来说我更注重面料，例如不参杂尼龙、化纤等成分，舒适的纯棉面料。

经常有人问我买这么大的餐桌是要摆满汉全席吗?

虽然家里只有我和老公两个人，但我们的客人却很多。

我们都很喜欢带朋友来家里吃饭，老公是，我也是。

在木材厂订购的饭桌如客厅里的家具一样也是成对的。

两张的桌子可以拆开用，也可以组合在一起。

当然餐桌旁的椅子也是木材厂订购的。

而椅子上的垫子则是从我喜欢的家居店铺

"无印良品"购买的。

原有的橱柜、原有的水槽、原有的料理台
我所做的不过就是在对面添置了一张餐桌而已。

充满温情与美食味道的厨房日记

如果我想成为富人，那一定是因为
我想要随心所欲地购买自己喜欢的瓶子、木铲、调料罐。
主妇们都应该知道，厨房里的勺子、
罐子、瓶子，全部买全可真是一笔大开销。
所以往往很想要却不舍得买，
只能将目光放在废物再利用上。
事实上，刚结婚的时候我一心扑在这些厨房用品上，
眼里根本看不到别的东西。
"宝石有什么好？宝石能吃吗？"我总是这样想。
所以结婚的时候我们只是买了一对简单的
Tiffany对戒，没有一颗钻石的那种。
正因为我们都是实用派，
所以厨房里也没有什么特殊装饰，但却装满了各式各样的厨房用具。

Kitchen

婚后的8年时间里，我买到的所有宝物都在这间厨房里了。

硬要说是装修的话，大概就是将厨房的一面墙刷成了天蓝色，

以及在厨房灶台的对面摆放了一个超大的餐桌。

这张花了50万韩币*置办的餐桌最令我们满意。

因为我们夫妇两人都特别喜欢制作美食，

并且喜欢与他人分享，边吃边聊。

我一个人在家时经常只是水泡饭，

但只要两个人在家，就一定要大展拳脚。

"除了和喜欢的人一起分享美食，生活还有什么更大的乐趣哈？"

"厨房要那么精致做什么？如果连美味的食物都做不出来，那还算什么厨房！"

看我们两个人这样想法如此一致，看来还真是天生一对呢。

不管怎样，只要我们两个人一有空就会一拍即合地说：

"对吧？这样不行吧？还是该邀请朋友过来，要叫朋友来！"

* 约合人民币2900元。——编者注

同样的材料，收拾整理
到一起。
这样不仅能够在用的时
候很快找到，
还能够起到装饰作用。

在架子中间钉上一根木棍，然后挂上S型挂钩就可以摆放下很多厨房用具了。

比钻石还贵重的厨房用品

如果我想要将什么据为己有的话，那就应该是厨房用品了。

说实话，这些都是我结婚8年以来，

不间断地、坚持不懈地、毫不犹豫地买回来的宝贝。

各式各样的厨具、瓶子、罐子、锅和碗……

不仅种类繁多，质地也都大不相同。

铸铁、不锈钢、木质、玻璃等等材质的器皿不知不觉间

已经成为了我的一笔不小的财产。

能够积攒这些用品的方法有两种。

一种是一次性花重金全部买回来，

而另一种就是明白自己想要什么

然后一样一样置办。而我的选择正是后者。

所以说不是认为漂亮就一定买，而是要确定好才买。

大的、小的、圆的、尖的……

这样分门别类地购买。而且这样一样一样地买，

老公完全不会察觉。既不用因账本上的出入而争吵，

又能够买回自己喜欢的宝贝。但，缺点是

很费时间。

案板、铁盘、调料瓶等不用收在柜子里
这样摆放在灶台上也很美观。不仅取用方便，
还能起到装饰作用。

这种看起来貌似没什么用途的
小号捣碗
也是厨房必备用品之一。

在厨房空出来的墙边
我放上了一个用来盛放调料瓶的
架子。这是根据瓶子的大小
确定好间隔高度后，
请木工制作的。

越用越焕发光彩的铸铁锅，也是我最喜欢的厨具之一。

盛放胡椒粉、食用盐的玻璃瓶
能给主妇们带来多少乐趣，
老公们根本不知道。

这些厨房用具都安安静静地
放在厨房窗边。
它们也是我一有时间就会擦擦洗洗
的心爱宝贝们。

我请木工将这些用了很长时间的旧木头做成案板。

就连欣然答应我制作案板的老板也佩服得五体投地。

Kitchen Ware 1

虽然叫案板，但不一定就是案板。
因为案板也有其他用途。

特别的木质案板

编辑：呃，竟然将案板改造成这样？

夫人： 当然了！漂亮吧？漂亮吧？

编辑：哎，夫人，要去医院看看了。再放任不管就要转为绝症了。

还有帮你做这个的老板也应该一起去看看。

那位可真是个牛人。竟然帮你做这些，是吧？

夫人：哈哈哈哈哈哈哈哈！即使这样我也愿意！

编辑：夫人你好像还不知道，

在这上面直接切东西是会长虫子的。

夫人：难道你以为我要在这上面切泡菜啊？

编辑：哎，这是什么话？

不在案板上切东西要在哪里切？

那你打算用它做什么？攒起来？放着？

夫人：怎么能没用呢？用途可多着呢。当锅垫用，当盘子用。

编辑：来客人的时候将水果放在这上面拿出去？

夫人：当然了。放在厨房里看着也好啊。

编辑：难道在案板上贴上黑白照片当框架用？

夫人：你连这个都知道！

编辑：不是不知道才这样嘛。你能做出来真是绝了！

夫人：哈哈哈哈！厉害吧？不自己做又买不到，就算买得到也贵死了。

编辑：这样啊？那……这是在哪买的材料又是哪做的呢？

夫人：不知道！我不告诉你。

※ 圆圆夫人 注

以上就是我和编辑间的对话。

这个案板的制作方法虽然有些复杂

但并不是很难。南阳地区或者京畿道周边的二手市场

都可以买到这种旧木头，买完再就近找个木材厂加工一下就可以了。

事实上，这块木头是我从婆婆家的果园发现的。

公公看到我对这块木头爱不释手，取笑我说："我们儿媳专门喜欢破烂呢！"

哈哈哈！无论如何，千辛万苦制作的这块案板真是合我的心意。

购买了称心的旧木板
不假他人之手，我独立完成的

多功能木架

Kitchen Ware 2

只要有电钻和力气就
可以将木板固定好。

1 确定好架子的安装位置后，用电钻对准支架上
的孔打眼。2 将支架与钉子眼对齐，然后钉上钉
子。3 最后将架子放在支架上即可。如果没有木
板放上丙烯树脂板或者玻璃板都可以。

※圆圆夫人 注
到五金店就可以购买到支架。一般的支架五金店
里都有，但如果想要买到漂亮一点的支架，最好
还是去大型五金店或者家具卖场。

木架是一种起到收纳杂物作用的实用型家具。

很多情况下我们购买架子，

并不是为了在上面塞满东西，

而是为了追求装饰效果。就像这里的这个旧木头架子

也绝不是因为东西没有地方放才做的。

我一直很想自己尝试着做做看。

每次看到电视剧中的主妇们在自家浴室的门上面安装架子，

放置卫生纸和其他浴室用品的时候，我就总有这样的冲动。

所以从婆婆家发现这几块旧木板的时候，我就决定

一定要用它们来制作案板和架子。

性急的我还来不及请老公帮忙就亲自上阵了。

因为装在门上面，开门时看不到，

关门的时候也不会有障碍，想想我就很得意！

虽然现在只在上面放了一些简单的生活用品，

但以后我一定会好好花心思将它装饰一番的。

但，自从有了这个架子，脖子就一直不舒服。

因为实在是太喜欢了，每天都要拿拿取取的，哎。我的脖子呀。

最初……

因为喜欢上它古董般的感觉，小心翼翼地搬回了家。

这是从一家实体店买的，

大概现在已经买不到了。

最近……

这张桌子已经留下了不少使用的痕迹。
自从我开始学习制作咖啡后,
它就成为了盛放工具的地方。
上面是制作咖啡的用具,下面是红酒,
前面还搭着一块桌布,真是用途多多呢。

摆放上丰盛的大餐，招呼客人们一起坐下。
欢欢喜喜的，这才是生活。

感谢教给我这个道理的大桌子先生。

书、书、书，用书装点的个人空间，

最适合一个人独处的地方

老公的书房

Library

有几位关系亲密的朋友给我老公起了一个外号叫"事实男"。

就是这个人只讲事实的意思。

换句话说，就是说话太直白。仔细想一想还真是这样。就连我也要点头同意。

但这些并不能概括我家事实男性格的全部。他身上还有着其他与众不同的地方。

例如，"直觉"，能够发现美，发现美味的直觉，

以及知道拒绝老婆的请求会招致什么困难的直觉。

大部分男士都对装修、料理缺少直觉，

分不清什么是美，什么是美食，

但我老公却仿佛安装了能够探测美感的雷达。

正因为如此，他才容忍我这样折腾。

但这算什么？写书夸奖自己的老公吗？

希望读者们原谅我一时失去理性。

但不管怎样，虽然他并不是作家，但书房里却堆满了书。

当然还可以看到很多女人们喜欢的生活痕迹。

所以给他的书房做装修只要选择好书架就可以了，

那种能够按照需要左搬右挪的大书架。

老公想要独处的时候，就用书架围成墙，

如果觉得烦闷就重新摆放一番，将书墙拆掉。

所以对家具来说用途还是比设计更重要。

长木书桌　这张桌子之所以叫做书桌，不过是因为被摆放在了老公的书房里，如果要是挪到厨房那大概就要称之为餐桌了。应该说是妇唱夫随，老公也和我一样兴趣广泛，苛求细节。买来的桌子既贵，尺寸又不合适。所以我为他准备了这张长桌子。当然也是从我们经常去的那家木材厂订购的。

红色文件柜和办公椅　稍微对装修在意一些的主妇应该已经察觉到了，这把椅子也是来自"宜家"。宜家大多都是半成品，虽然组装起来稍微有些困难，但好在价格合理，设计漂亮。在制作Γ型书桌的时候恰巧需要一个移动式的抽屉，"宜家"的这款铁质文件柜正好合适，并且还能在全木质的空间里添加一抹红色。当然椅子也不能选用一般的设计，而这把与红色文件柜交相呼应的红色座椅正是上上之选。况且老公也不是整天坐在这里，所以不用担心椅子给腰部带来负担。

铁制百叶窗　男人的房间里配上轻薄的沙质窗帘总有些奇怪，所以我给老公选择了这款简单的百叶窗。到窗帘店购买就可以，当然如果想要省钱，最好在网上购买。而安装当然也要自己来。

书架　老公的书房里摆了两个书架，一个是从宜家购买的，而另一个则是从"dodot"购买的。图片中的书架为前者。因为没有繁复的设计，所以即使用了很久，也不会感觉厌烦。

缝纫、编织、更新博客……

理想照进现实的地方

圆圆夫人的工作间

女人总有这样的愿望，那就是拥有一方自己做梦的空间。

工作、做家务、照顾孩子……

当结束了这些琐事后，哪怕只有短暂的一小会儿，

能独自静悄悄地

在某个空间里做做自己的梦。

正因如此，我才在厨房的一角放上了一张小书桌，

在阳台的一端打造了一块属于自己的编织空间。

我要在这里重新找回丢失在忙碌当中的梦想。

实际上对于公开工作间，我一直很犹豫。

因为我知道还有很多女性朋友

不能在家中为自己开辟这样一方个人空间。

请大家谅解，因为我目前还没有升格为人母，

所以暂且不用为生活止住脚步。那么下面就为大家介绍我的工作室。

虽然没有什么了不起，

但这确实是个充满真情实感、将梦想照进现实的地方。

架子和书桌

我家大部分家具都没有上色。

只是用清漆稍微粉刷了一下。

实木家具好处很多，一是不容易使人感到厌烦，

二是可以随时粉刷其他颜色。所以我的工作间也选用了

这种实用型的木质家具。

反正都是要堆满各种生活用品的地方，所以也没有必要在

家具上大做文章。只有两张书桌，一张电脑桌来自"宜家"，

而另一张书桌来自木材厂。

窗边的桌子则是将MDF箱子作为桌子腿，再在上面放上一块木板

制作而成的。架子也是和书桌一样在木材厂订购的。

实木支架　我在墙面上安装了一个架子。支架是在"宜家"购买的，并且特意刷成了与架子相同的颜色。虽然也可以选用铁质的支架，

但铁质支架缺少了木质支架的自然风。直接安装在墙面上又需要另雇工人，所以最后我选择了实木支架。而且这种三角形支架还可以

在中间安装上一个木棍用来放置东西，很是方便。我用它来收纳蝴蝶结和胶带之类的东西。

迷你抽屉　因为桌子本身不带柜子，所以需要盛放生活用品的小

家具。正好在"宜家"发现了这种小抽屉。不仅可以摆放在桌子

上，而且可以盛放各种DIY玩意儿。

文件盒 在完全开放式的架子上，文件盒是必备的装饰品之一。
而且能够起到很好的收纳效果。文件盒的种类有很多，
但要说装饰效果还是这种像纸盒子一样的最好。
本来想在文具店购买，但是很难找到白色的，
所以最终个还是放弃了。
某一天，逛"宜家"的时候
突然发现了它，高高兴兴地买回来。

桌子配桌子 像前面所讲的，电脑桌是购买的品牌产品，而另外一张桌子是从木材厂定制的。两张桌子虽然稍微有些颜色差异，但是高

度相仿，使用起来没有任何障碍。而且还可以根据需要合并分开，十分方便。

壁挂 工作间不是就应该有工作间的样子吗？
所以应该有一种杂乱的感觉才对。
但我又是一个不能容忍东西乱放的人，所以
选择了铁丝网来将照片、明信片等整合起来。
这是5年前在位于盘浦高速公路汽车站京釜线3层的
"现代蝴蝶结"店中买到的，现在这家店还在不在就不知道了。
但是一定可以在别处找到相似的铁丝网。只要从五金店
买一块铁丝网，然后用胶带或者布条将四周包裹好
就可以了！

缝纫机　这是我自己十分喜欢的一件家具。在杂志上看到的时候，馋得我直流口水！原来婆婆家就有一台。而且比我之前看到的更加有古董的感觉，真是恰到好处的历史感！所以我抓着婆婆的裙角，求了又求将它带回了家。我总是一边缝东西，一边高喊口号感谢婆婆，以后多多给我一些这样的宝贝吧。

桌子搭配收纳架　桌子对面的墙上是一个藏满宝物的地方。这里所说的宝物就是那些布头、书、玻璃瓶、毛线……大概就是这些了。因为只有有了它们，我才能随心所欲地做手工，所以它们对于我来说十分珍贵！而收纳整理这些东西架子是最合适的了。左看看又看看，家中的桌子和收纳架全都是"宜家"买来的呢。既可以用来放篮子、盒子，还可以摆上玻璃瓶等小东西，真是百搭！但是，灰尘是个大问题。因为架子大部分都是开放式的，所以落灰的问题就无法避免。方法只有两个，要不就仔细清扫，要不就置之不管！

白色座椅　家中需要一个放在缝纫机前的椅子。毕竟不能站着缝东西（虽然，不是一定要用它来缝东西），还是要像模像样的。只有桌子，没有椅子不是很奇怪嘛。虽说是古董缝纫机，但椅子不一定要搭配一样旧的，最后选定了白色的座椅。是我从盘浦高速公路汽车站京釜线三层的小家具市场买来的。

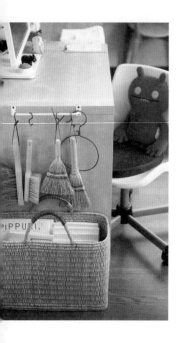

只是在桌子的侧面按上了一根杆子，没想到用途这么大。

虽然有些人会感觉很奇怪，但是将小扫帚作为装饰品也很漂亮。

不，更确切地说是这些小东西

可以给人带来愉快的心情，这就足够了。

虽然有人买楼买车才会高兴，但也有人只是打扫房间就可以无比快乐。

所以我很喜欢收集这些东西，将它们放在家中。

简单的家居幸福，没有什么特别之处的出租房！

Plus Story

Neighborhood
Home

插花老师搬到了我们小区
所以我开始频繁出入她家

圆圆夫人装扮的邻居家

我是人来疯，好像是天性使然。

天生就喜欢与人相处，见到自己喜欢的人，

声音都会大上一倍。正是因为真心喜欢所以才会这样。

我喜欢与自己心意相通的朋友，

而多贤妈妈对于我来说就是这样的朋友。

她是一位花艺老师。

当我正式开始学习插花的时候，

是她教给了我关于花的一切。

因为我是那种做什么都要钻研到底的性格，

所以在努力学习之后，

还与她一起做过老师。

所以我说服她搬到了我们小区，

不，搬到了我们公寓。

我对她说"搬过来后，我负责装修！"

而她也毫不客气地说要与我家装修得一模一样。

所以现在我们两家不论是饭碗，还是勺子都是双胞胎。

这就是多贤家。

这是没有专门学习过室内装潢的我的第一次装修经历，

虽然很害羞，我还是想把装修前前后后的故事分享给大家。

多贤爸爸妈妈的卧室也使用了实木家具，
当然阳台也有庭院。
但是与我家并不是完全相同，
不能称之为双胞胎，顶多算是姐妹。
因为即使装修相似，生活在其中的人不同，
散发出来的光彩也不相同。

果然不管是哪里

主人公还是"人"。

床和床头柜 质朴简单的实木家具，设计本身就给人一种恬静的感觉，就像安静的少女一般。而且不论和什么样的寝具都可以搭配得很好。甚至有时候我都想下决心买一张一样的床放在自己家里。但是现在的家具太结实，不用常换也是个问题。

储物柜和装饰柜 这个带柜门的储物柜不仅便于整理存放东西，而且设计别具匠心，十分合我的心意。将两件不同的家具摆放在一起，看起来很融合。因为是搬家之后不久就拍的照片，里面看起来有些空，但是现在已经被塞得满满的。而且在这种方方正正的家具里放上篮子或者其他箱子，还能演绎出一种异国情调。

化妆台 我家的桌子都是没有"桌腿"的。而多贤家的家具不仅有桌腿，还有抽屉。能够看到年轮，所以自然感更强烈。

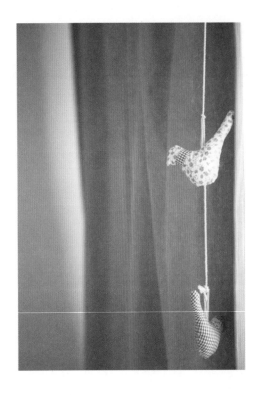

Veranda Garden

也许会有读者问，"难道这不是圆圆夫人的庭院吗？"

可以这样说，多贤家的庭院和我家的几乎一模一样。
因为我和多贤妈妈一起教插花，一起买花买工具，
一起度过了这么久的时间，还能有什么不同之处呢？所以
这座庭院可以说是我和多贤妈妈手拉手，
一起逛街，一起装扮的产物。
所以关于多贤家的庭院，我不想再过多介绍。
说来说去，还能有什么可说的呢，呵呵……

大家一定会误以为只是给我家的沙发换了一下沙发套，
因为除此之外几乎就是复刻版。没错我们就是想要
将两家装修成一样的效果，所以家具也特意选择了类似的。
但为了不混淆，还是将沙发套稍微变化了一下颜色，
扶手椅也买了不太一样的。
仔细一看就连壁纸的颜色都一样呢，硬要说不同的地方，
架子！还不如玩找不同的游戏呢。真的！

Living Room

沙发和扶手椅 本来想买真皮沙发，但是皮质沙发一定要买高档的才能显出区别。而像房屋中介、理发店里常常能看到的那种，分不清是人造革还是真皮的材料和设计，我并不是很喜欢。所以直到现在我还是更喜欢布艺沙发。虽然清洗起来有些困难，但一年也就一两次，选择颜色深一些的就可以了。因为家中有小孩，所以沙发和扶手椅特意选择了棕色。因为弄脏的可能性比较大。沙发是从"宜家"买来后重新做的沙发套，而扶手椅是从网店购买的。

墙边架子 从多贤家也可以看出来，我们公寓的设计是那种客厅不带阳台的，所以看起来很宽敞。只摆放沙发看起来会很空，因此特意为多贤在客厅摆放了一个可以放书的架子。孩子们有追光的本能，当然有阳台就再好不过了，但这里考虑到孩子的个头特意选择了这种比较矮的书架！这是经过考量精心选择的家具。

桌子 这是一款 ⊓ 字形的简约沙发桌。和我家的那张设计类似。优点就是可以任意挪动。当然也可以作为长凳使用。

电视柜和四格柜 因为电视不大，所以电视柜也很小巧。还因此获得了更多的客厅空间。但是只摆放一个电视柜感觉还是有些空，所以又在旁边摆放了一个四格柜作为装饰。

架子 这面墙挂画不太合适，空着又有些可惜。想来想去没有比架子更适合的了。多贤家的这个架子是从家具工厂定做后，由多贤爸爸亲自安装上去的。架子上有3个钉子，只要用电钻钻个孔安装进去就可以了。

窗帘 窗帘选择了颜色和面料都很朴素的款式。是先从东大门市场买完布料后，让裁缝店完成的。配合着窗边摆放的绿色植物，仿佛窗帘也有了生命一般。

多贤是个十分可爱的孩子。
不仅长得乖巧，还特别爱学习。
自己的房间一装修完就立马坐在书桌前学习，
说不定长大后能够成为博士呢，真是乖。
我们在小公主多贤的房间上花了很多心思。
希望多贤在这里既可以读书，又可以游戏，
同时还有童话般的梦境。
为了达成这个愿望，我们把这里装扮成了草莓园
和葡萄园的样子。

Kid's Room

书架和画板 这个房间的设计原则就是要从孩子的喜好出发。所以书架也选择了这种高低错落有致的，同时还附加了一块黑板。这样孩子既可以画画，也可以贴贴纸。

飘在空中的玩偶 因为是儿童房，所以玩偶是必需品。因为孩子们往往会被这些小地方所感动。这个可以飘在空中的玩偶同样来自"宜家"。

彩色书桌组合 这是从"宜家"购买来的实木家具，只不过后来又用环保油漆涂了一遍。桌子用的是DE 5516号油漆，绿色椅子是DE5671号，蓝色椅子是DE5858号。

实木架子和彩旗 既然每个房间都安装了架子，当然这间也不能剩下！装饰效果极好的架子是从加工厂订购后，用"宜家"买来的支架安装上去。

开放型书架 有小孩的家庭一定需要这样一个书架。只要书籍封面向外摆放，拿书的时候就可以一目了然。就连幼儿教育系的教授们也强烈推荐这款书架。这样孩子们就可以任意挑选他们喜欢的书籍了。

纱帐和寝具 多贤房间的亮点全部集中在这里。所有幻想着像公主一样入眠的女孩一定都想拥有这样的纱帐。但因为多贤的房间空间不大，放不下大床，所以只能用床垫来代替了。结果还是很令人满意的。纱帐和被子是从"宜家"购买的。而剩下的东西则是从东大门市场购买面料后拜托裁缝铺代为完成。

游戏垫子和帐篷 正是这几样小东西占用了床的位置。但是谁叫孩子们对于这些的兴趣远大于床呢。花花绿绿的游戏垫子和帐篷让多贤爱不释手，也是多贤的家中之家。

替别人家装饰，竟然自己满意得合不拢嘴。真是拿圆圆夫人没办法！

花点心思，

打造温暖

纯手工 生活用品

如果能得到所有想要的东西该有多好啊？

但是我既不是大富豪，也不是富豪的太太。

每每在杂志上、电视上

看到什么漂亮的东西，我真是

羡慕得想要大叫。

当然，我会第一时间在脑海中画出小样。

"这样这样，然后再那样，就大功告成了！"

之后就赶紧跑回家开始专心地研究。

最初只是模仿，

但到后来也开始逐渐悟出些自己的门道。

我就是这样一件一件开始手工制作的。

虽然还不太像样，但却是我付出时间和精力完成，

所以我想把自己的经验与大家分享。

虽然手艺还称不上精湛，

也可能会有读者觉得

"哎，这是什么啊？就只有这些？"

Afternoon Needlework

by the sewing box

我的宝贝，针线盒。
即使金银财宝也不换。
啊！不是，
如果有金银财宝，一定要
赶紧再去多买一些回来。

贪心、贪心，也没有这样贪心的！
永远不嫌多的缝纫工具

首先就是收集。不论是布条、线、针，

还是剪刀、扣子。扣子嘛，

滚来滚去的总是容易丢失，所以最好装在瓶子里。

看来瓶子也需要收集一些。当然还有蝴蝶结、绳子等。

用什么来装它们呢？

竟然有这种事！

居然有我中意的大针线盒。

这些缝纫工具终于有了家，我也就安心了。

乱炖那么好吃，难道乱缝就不行吗？

编辑：夫人，给您说个笑话？

圆圆：好，我最喜欢笑话了。

编辑：就是您的那本书。给您书配插图的那位老师特别有名。

圆圆：然后呢？

编辑：那位老师想要见您。他对您特别好奇。

圆圆：为什么？因为我漂亮吗？

编辑：……不，不是那样。是因为他有生以来第一次见到这样的针线活。

圆圆：那就是说他觉得不错了。

编辑：一点规则都没有。织着织着居然掉了一针。但织着织着，最后居然又能成型。

圆圆：呃！那这么说是挑刺了？

编辑：也不是挑刺了，但听起来也不像是夸奖对吧？

圆圆：哈哈哈哈！当然不是夸奖了。哈哈哈！

编辑：哈哈哈哈！夫人您真是乱织一气呢。乱！织！

和编辑通过话后我笑了好久。

开始虽然有些不好意思，但笑声冲淡了尴尬。

笑着笑着，发现也没有什么可不好意思的。

没错，我就是这样乱织一气。

因为随心所欲，所以乱缝，乱织。

也没人指望着用针线活救国，

所以也不用上纲上线不是？

掉了一针又怎样，下一针织上去不就行了，

也没有必要拆掉重新织啊。

之所以讲这个故事，是为了让大家拿出自信来。

像我这样的人都在做针线活，

大家同样也可以做。

那么从现在开始就向大家

展示我毫无章法的作品。

如果跟着我做但终究没能成功，

也请您原谅！因为我毕竟还不专业，只不过是乱缝、乱织罢了！

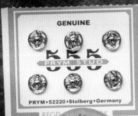

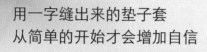

用一字缝出来的垫子套
从简单的开始才会增加自信

我的靠垫游戏

就这样

开始啦

首先我给沙发座和靠垫都穿上了衣服。幸亏当时买了这种
能够拆卸沙发座的沙发。虽然家具本身没有什么特别之处，
但是放上几个靠垫瞬间就能让人眼前一亮！
虽然不能换沙发，但是换换外套还是可以的。
要想买到称心如意的靠垫套，
价格真是不低，所以干脆自己来做。
面料到批发市场上买就可以，
然后用一字针缝上就大功告成了。
如果对自己的针线技术没有信心，
也可以拿到裁缝铺去处理。
因为我特别喜欢生活中有些变化，
所以我家的沙发也是一天一个样。
每天都有新的朋友，新的靠垫们。

sofa

春、夏、秋、冬
每季不同的靠垫装饰
纯色、格子，大的、小的，厚的、薄的……

只要换一下靠垫，就像新换了一套沙发一样。 哪有比这更令人愉悦的事情？

没有技法，也没有模板，只凭感觉
把棉布叠叠，剪剪……
随心所欲的手工时间

用布条、布块制作的手工生活用品

我的嗓门很大。
特别是笑的时候，"哈哈哈哈"就像过火车似的。
突然提这个是为了说明像我这样的女人
看起来跟针线活完全不搭调。
因为在人们的观念里，针线活是大家闺秀的专利。
吃得香、睡得好、玩得开、笑得大声，
如此爽快、风风火火、不做作、疯疯癫癫的我
竟然手握针线
安静地做手工……
实际上就连我自己都想象不出自己的样子。
但即便如此我还是做了，
因为我喜欢。
虽然手艺还不精湛，
但只要眼睛看到的，
就会结实地缝在一起。
用漂亮的面料
缝补来缝补去好不开心。
但这些东西并没有特定的用途，
我也只是将这些布缝在一起而已。
不知不觉就做成了钱包、
日记本套、锅垫。
放下一切、专心于针线活的小时光
真是比午睡还要美好。

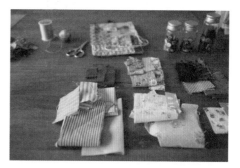

既可以用来端锅，又可以垫锅底！
3种风格的杯垫

刚刚开始接触针线活的人，
不能直接挑战被子、衣服等大件。
因为那些只有高手才做得来。
左量右算，对于初学者来说
还是做厨房用品最为适合。
不管是小、是丑，还是十分失败，
都没有关系，只要完成就可以了。
所以我家的厨房用品中
很多都是我自己做的。
而且只要一天的时间就足以做完。
这里要给大家介绍的小东西，既没有名字，也没有什么特性，
但用途很多。可以用它端锅，
放到桌子上还可以做锅垫。
而且不用的时候挂在墙上也很漂亮。

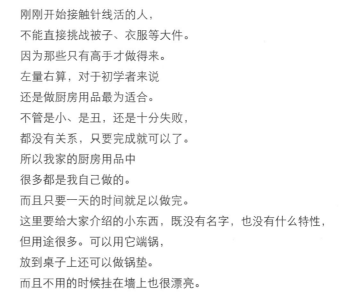

锅布&锅垫1

所需材料 正面-米色亚麻布料 15cmX20.5cm，背面-蓝色布料15cmX20.5cm，各式各样的碎布

辅助材料-薄拼接棉14cmX19.5cm，皮绳10cm

制作方法

1 如图①将正面和背面的布料剪裁好。

2 如图①按拼接棉、正面、绳套、背面的顺序缝在一起，留一个开口。

  从开口处将布套翻过来，将开口缝上。

3 如图③，将各式各样的碎布拼缝在上面。

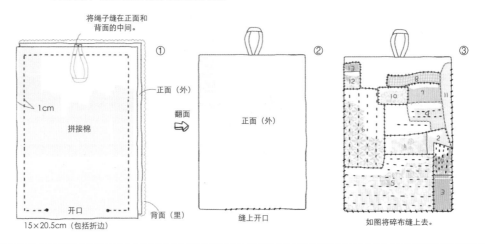

将绳子缝在正面和背面的中间。

1cm

拼接棉

开口

15 × 20.5cm（包括折边）

正面（外）

背面（里）

①

翻面 ➡

正面（外）

缝上开口

②

如图将碎布缝上去。

③

锅布&锅垫3

所需材料 正面、背面-白色亚麻布11.5cmX19cm 2块，白色、米色、象牙白碎布

辅助材料-蕾丝、小棉球若干，皮绳

制作方法

1 如图①将正面、背面所用的白色、米色、象牙白色面料裁剪好。

2 将正面和背面按②中的样子拼接好，然后用棉线随便缝出些针脚。

  米色的碎布如图中那样固定在一起。

3 将正面和背面的外侧贴在一起，中间加入皮绳，然后缝在一起，并在底部留个开口。

  翻过来，在开口内塞入棉花后缝合。

4 如图④制作装饰用蕾丝。

5 将④中的蕾丝如图⑤缝在正面上，此外开口处也要用两股棉线重新缝合。

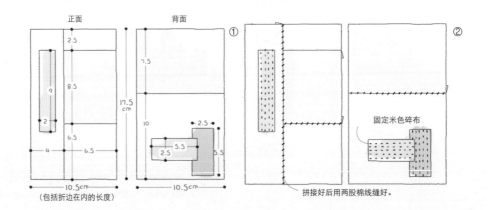

正面

2.5

9

8.5

2

6.5

4   6.5

10.5cm

（包括折边在内的长度）

背面

7.5

10

2.5   5.5

2.5

2.5   5.5

5.5

10.5cm

①

②

固定米色碎布

拼接好后用两股棉线缝好。

锅布&锅垫2

所需材料 正面 背面-米色亚麻布11cmX16cm两块，制作绳套的布，辅助材料-拼接棉10cmX15cm

制作方法

1 如图①将正面和背面的布剪裁好。

2 如图②用湖蓝色的线将正面和拼接棉对着缝在一起。

3 按照正面、绳套、背面的顺序排列好开始缝，左后留一个开口。

4 将③中的半成品从开口处翻过来，然后缝上开口。开口处再用湖蓝色两股线缝合。

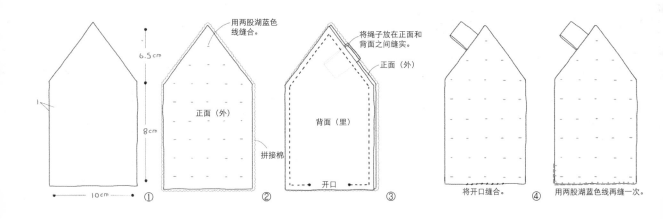

6.5cm

8cm

10cm

用两股湖蓝色线缝合。

正面（外）

拼接棉

①

②

将绳子放在正面和背面之间缝实。

正面（外）

背面（里）

开口

③

将开口缝合。

④

用两股湖蓝色线再缝一次。

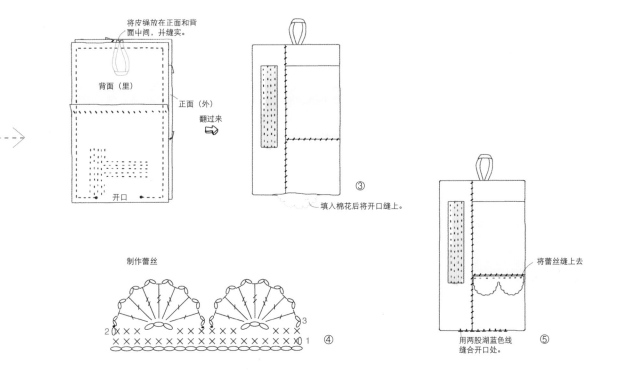

将皮绳放在正面和背面中间，并缝实。

背面（里）

正面（外）

翻过来

开口

填入棉花后将开口缝上。

③

将蕾丝缝上去

用两股湖蓝色线缝合开口处。

⑤

制作蕾丝

④

砂锅是厨房的必需品之一，几乎家家都要制备一个。

因为砂锅保温效果良好。

而且即使是一样的酱汤，仿佛用砂锅做出来会更加美味。

能够给人这种错觉，可见砂锅的厉害。

我特别喜欢用砂锅做饭。

有一天，在我用砂锅炖鱼汤的时候突然发现，

似乎家里还没有砂锅垫。

所以我立刻关火，鱼汤也暂时放在一边，

风风火火地就开始制作砂锅垫了。也不知道当时我为什么这么急。

虽然砂锅看起来很朴素，但是砂锅垫一定要有设计感！

白色亚麻配上红色布料，

再用红线缝在一起，哇！真是可爱呢。

将热热的砂锅放在上面，拿下来一看留下一个圆圆的砂锅印。

最初觉得很伤心，但越看越有感觉。这不就是使用的痕迹嘛。

一起来做做看吧。

制作方法与前面介绍的锅垫做法基本类似，不会太难。

砂锅垫

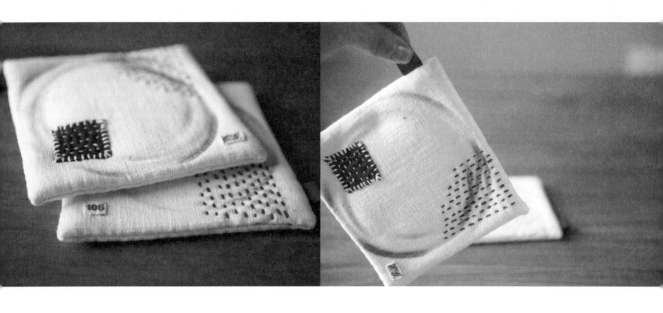

1 将布料裁剪好，作为垫子的正背面。将拼接棉裁剪成比正背面四边各少1cm的大小。

2 用红色皮革做成绳子后对折，如图所示放在正、背面中间。

3 用红色的线缝合。虽然也可以用缝纫机，但是我更喜欢用手缝制。最后还要留一个小口，便于将布袋翻过来。

4 缝合好后，为了翻过来后样子也能好看，如图用剪刀将四边收拾整齐。

5 将布袋里侧翻出来后，将开口缝合即可。虽然做到这里已经基本完成了，但总感觉还少了些装饰。

6 将碎布裁剪成合适的大小放在自己喜欢的位置上固定好。然后再用红色的线沿着对角线缝一遍，大功告成！正面我选择了红色的碎布，背面则是米色碎布。如果有漂亮的图标，也可以缝在上面。

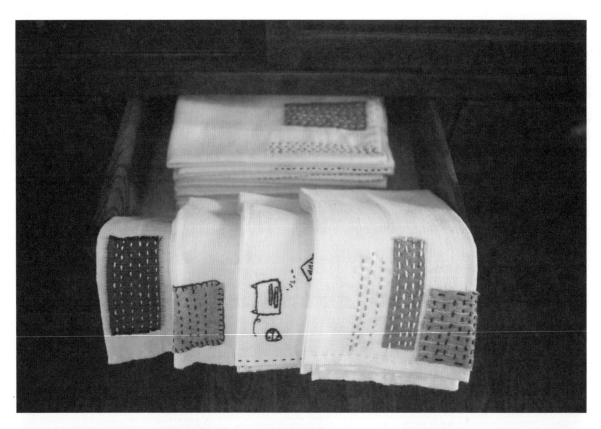

抹布也有不同的风格
嵌花抹布

依我看来，生活用品虽然实用性很重要，

但模样也要顺眼。

换句话说就是要漂亮。就像漂亮女人比较容易获得关注那样。

以抹布为例。

好用，去污能力强固然重要，

但如果再漂亮一点不是就更加锦上添花了嘛，

而且使用起来心情也会更好。

所以我决定给抹布也改头换面一下，

当然面料还是选择了适合擦洗的棉布。

现在一有空，我就会一块一块地缝制抹布。

时而刺绣，时而镶嵌花布。

当然刺绣和花布配合在一起效果更好。

而且做好后将它们叠放在一起。

仅是看着也让人高兴呢！

嵌花抹布

所需材料 正面、背面-适合作为抹布的棉质布料
各式各样的彩线、碎布
制作方法
1 随意用彩线在正面缝出图案，将碎布也拼接上去。
2 正背面贴在一起缝合，留出开口，然后将布袋翻过来。
3 缝上开口，如图在两边0.5cm处缝一遍。

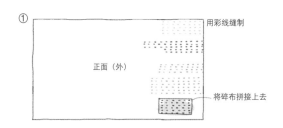

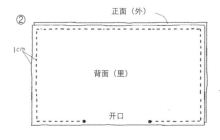

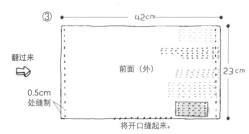

喝茶时让你美得飘飘然的
正方形马克杯杯托

马克杯用来喝水或是喝咖啡都非常适合。

因为没有杯托，所以拿放方便，相当实用。

但是如果用来招待客人，没有杯托似乎……

所以我要自己来给马克杯制作杯托。

只要有几块布料或者碎布，

就可以信手拈来。

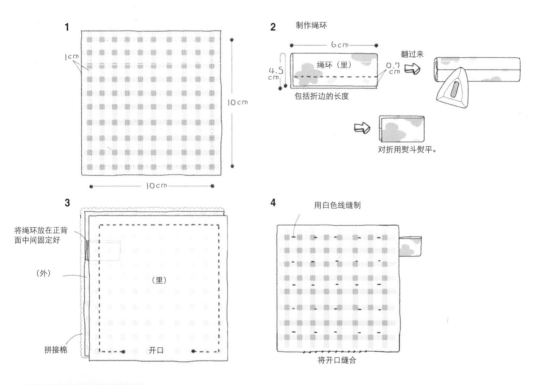

马克杯杯托

所需材料 正面、背面-各式花布&亚麻布10cmX10cm

绳环-6cmX9cm（包括折边） 辅助材料-薄的拼接棉9cmX9cm

制作方法

1 如图将格子花布裁剪好。

2 将制作绳环的布对折后，从里面缝在一起，然后翻到外面来。

 然后再对折，用熨斗熨平。

3 按照拼接棉、正面、绳环、背面的顺序摆好后缝起来，底部留口。

4 如图③从开口处将布袋翻过来后，将开口缝合。最后如图用白色的线再缝制一遍。

Basket Story

去野餐时，整理生活用品时，这种充满女人味的篮子最为合适。

不论盛什么都很漂亮的圆形篮子。带着苹果去抓白雪公主吧。

| 用钩针制作的篮子把手 | 圆形篮子罩 | 篮子盖 |

家家户户都会有一两个这样的圆形篮子。因为本身就有盖子，所以盛放东西既干净又方便。不过如果想看起来像一位家务高手，就必须再将篮子重新装饰一番。

原本这个篮子并没有外面的布罩。因为我过于爱管闲事，所以才有了它的变身，也可以说是一种手工作品。不管怎样，穿上衣服的篮子就像乖乖的小孩一样惹人喜爱。

不是所有篮子都有盖子。而且貌似大多数篮子都是没有盖子的。但是不管用篮子装东西还是作其他用途，似乎都需要一个盖子。所以我用花布和其他布料为篮子做了个盖。

制作也不用太费心思。像我这样准备好亚麻线和钩针就可以开始了。以长针开始，钩出圆形即可。

因为没有提前准备照片，所以只能口述制作过程了。首先，按照篮子底部和四周面积的大小裁好布。注意，因为有把手，所以要提前留出口来。然后缝出一个圈，最后再将底部缝上去。缝好后将布翻过来，为了更加美观，最好再用蓝色的线在边缘缝上一圈。

其实，制作起来也并不需要什么特殊的技巧。只要将面料裁剪成适合的大小，然后随意将两块布缝在一起就可以了。而且不同布料会带来不同的感觉，制作相当简单，大家都可以尝试。

然后短针、锁针反复。这里就不介绍具体的编织方法了。如果有棒针就用棒针，如果手艺还不甚精湛，用平针织也可以。最后将成品围在篮子把手上缝合好即可。

这就是成品的样子。开口的部分可以穿上绳子系个蝴蝶结。而且这样还可以将布罩更好地固定在篮子上。如果觉得穿绳子有些麻烦，也可以将布罩直接罩在篮子上。

缝制完毕后将盖子放在篮子上，在适合的位置配上带子。带子可以用与盖子一样的布料来做，当然如果用其他面料也很不错。最后将带子固定在把手上，再系个蝴蝶结就ok了，这样即使起风也不会将盖子吹掉。

随便、随心、随意的

篮子装饰品

摆放在家里各个角落的小篮子们。种类繁多，用途广泛。

即便放在那里不使用，也可以起到极佳的装饰效果。

装满新书的购物篮，
堆满毛线球的铁丝篮，真是用来做什么都好呢，好喜欢。

"当我还未嫁为人妇的时候
包中会装上一两个香囊。
每次打开包闻到那沁人心脾的香气，
仿佛自身气质都被提升了一样。
直白些来讲，就是装饰性大于实用性。
但自婚后爱上家务以来，
我才知道，这个香囊居然有这么多的
实际用途。
衣柜中放一个可以去除尘土的味道。
抽屉中放一个，可以散发宜人香气。
枕头中放一个，薰衣草香可以助眠。
此外，还可以作为礼物送给朋友，
凸显品味，真是件不错的东西。"

薰衣草香囊

1 我先买了一些干薰衣草。确切说是买了很多。因为想要做很多个香囊，但即使没有这个打算也还是会买很多。因为我买东西的时候原本就是这样，只多不少！干薰衣草可以在香料店中购买到。当然现在网上也可以购买到，只要搜索"干薰衣草"就可以了。

2 准备好干薰衣草就可以开始做香囊袋了。制作方法很简单。选用亚麻或者麻都可以。将布料裁剪成适合的大小，然后两两缝在一起。为了挂起来方便还可以缝一个带子在开口处。对了，一定要先装干薰衣草，然后再封口。否则就又成杯子垫了。

3 应该没有读者会问要装多少干薰衣草吧？因为这个按自己喜好决定就可以了。多放些自然香气就会浓一点，而少放些就为淡一点。我只放了适量的薰衣草。因为如果一个放太多，剩下的干薰衣草就不够用了。

既助眠、又缓解疲劳
草本界的贵族——
薰衣草香囊（sachet）

将精心拍摄的薰衣草香囊照片

送到编辑部后，险些被拒。

因为编辑们怨声载道。

"喂！做了这么多，怎么还能空手来呢？"

"不活了！前些天我还从日本花大价钱买了些香囊回来呢！"

"家里抽屉正需要用香囊去味呢。哎，真是太令我失望了！"

我之前给他们展示了那么多作品，

但是像香囊这般受追捧的还真是少见呢。

所以说只要是女人，尤其是做家务的女人，

大概都会对香囊垂涎三尺。

腥味、汗味、尘土味、菜味……

在这些刺鼻的味道中，

大家大概都想留下一点点幻想的空间。

做了这么多香囊，真是可以摆摊卖了。

以上就是我制作的香囊。

Sachet：①（随身携带的）香料袋，（放在口袋里的）香料 ②小袋子

正因此，这个贵族生活用品才名为sachet。就连名字有一种知性的感觉。放入薰衣草香料，就是薰衣草香囊。放入紫丁香就是紫丁香香囊！sachet的含义有两种，即表示小袋子，也表示香囊。

Spoon & Chopstick

Spoon & Chopstick Case

勺子、筷子、餐刀、餐叉……
尤为适合盛放这些小东西的

餐具收纳袋

虽然家里只有我、老公、弟弟三个人，

但勺子、筷子加在一起却多得数不清。

当然必须承认这都是我自己闯的"祸"。

但好在客人很多，

时而还可以派上用场。

而且它们中间有几件

我特别喜欢，

需要特殊对待。

因为如果乱摆乱放配不成对

就太狼狈了。

为此我特地制作了餐具收纳袋。

餐具收纳袋

所需材料 正面、背面-米色厚亚麻（10丝 以上）75cmX42cm

带子-花布120cmX3.4cm（包括折边长度）

制作方法

1 如图1裁剪好正背面的大小。

2 将正背面贴在一起沿着边缝上，留一个开口。

　从开口处将里面翻出来，然后封上口。

3 上下各叠进去7.5cm左右后缝起来。

　再留出一个0.5cm的边。

4 如图，用两股棉线分出格来。

　注意背面不要路出针脚。

5 做带子的时候，先将左右两端向里边各折一点，然后对折熨平，

　最后将上下缝起来。

6 上下两端用两股棉线锁好边。背面不要露出针脚。如图，在适当的

　位置上缝上亚麻布条，固定上带子。

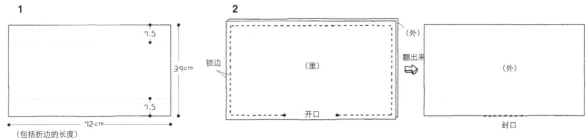

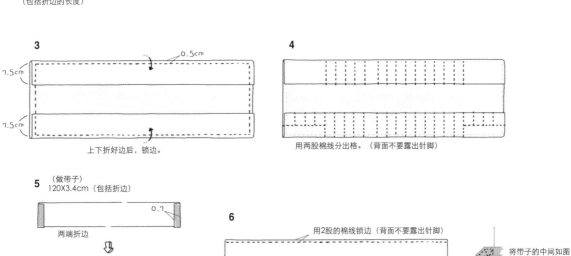

棉花云漂起来了！ 今天是制作针插的日子。

对于会针线的女人来说意义非凡
而对于不会针线的女人来说毫无用途

各具特色的针插

很像沙发靠垫的四方针插

哈哈哈哈哈哈！要问我为什么笑，因为就连我自己
都觉得有点过分了。
如果需要就出去买，或者
做一两个就可以。
哪里需要这么多？
如果非要找理由的话，那大概就是拍照了。
因为只有这样才能让画面看起来更饱满，
怎么办，好像我天生就这样不知节俭。
没办法，谁叫本性如此呢。
这次制作的是针插。基本款就是
这种四方形的。
方法和制作沙发靠垫一样，
只不过小了几号。
而我还制作了很多其他款式的针插，
正方形的、长方形的……
大小和样式多种多样。
要说制作方法，
只要将两块布对折缝好，留个开口，
从开口处将里面翻出来装入棉花封口即可。

之所以喜欢手工，是因为它体现了个人的情感。
而且也不用来谋生，无须担心
手艺欠佳。所以万事OK。

我总是为了创造出独一无二的
"圆圆夫人"牌作品而大伤脑筋。
实际上就是要耍小聪明。
而我的小聪明如今也用在了这个小小的针插上。
而且，似乎还有点用过头了。
在制作了那么多方形针插后，
我首次挑战圆形针插。可圆形针插
总是滚来滚去，需要固定。
此时，我眼珠一转，瞬间脑海中浮现了两个办法：
一个是核桃壳，另一个就是零食包装。
制作圆形针插其实很简单。
只要将圆形面料缝一下，装入棉花封口即可。
最后，用胶枪将针插固定
在一分为二的核桃壳中
或者零食包装中便大功告成。

放在零食包装、核桃壳中的圆形针插

将一字型改锥对准核桃中间的缝隙，然后用锤子凿一下，核桃壳就一破为二了。一定要用力准确。

一定要认真学习的
编织技法

温暖愉悦的编织报告

圆形、方形
　硬硬的座椅上也开满了鲜花

无背椅套

无背椅是我喜欢的家具之一。

也是，哪里有我不喜欢的家具呢。

无背椅的特别之处就在于实用性强。

首先，它是椅子，只不过没有椅背。

所以可以任意放在餐桌或者书桌下面。

如果家里空间不大，没有比它再适合的了。

它还不仅仅是椅子。有时也可以当桌子。

摆放在床边或者沙发边，

上面放上一杯茶或者几本书。

当然也可以当做柜子。上面可以放上台灯、盆景等等，

丝毫没有不妥之处。

为了奖励这个多功能的小东西，

我特意给它做了件毛衣。没想到瞬间就变得漂亮起来了呢！

红色圆形无背椅套

所需材料 红色毛线（3股），7号钩针

制作方法

1 先织12针长针。

2 如图，加针织7排左右。

3 在第8排开始，3针长针和锁针交替编织。

4 第9排，2针长针与锁针交替编织。

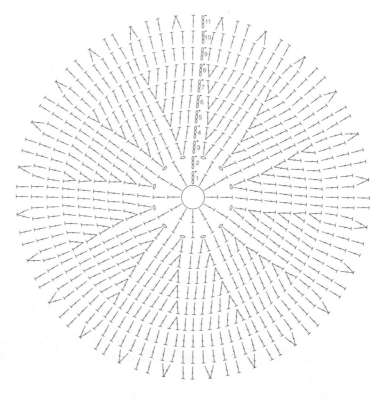

白色圆形无背椅套

所需材料 白色毛线（1股），7号钩针

制作方法

1 先织12针长针。

2 如图加针织8排。

3 第9~10排各织96针长针。

4 第11排，长针2针，然后长针2针、锁针
  交替编织。

四方无背椅套

所需材料 毛线、5号钩针
制作方法

1 如图先织出框架。

2 然后将24片连接起来。

3 然后从框架边缘开始3针长针，1针锁针
反复织7排。

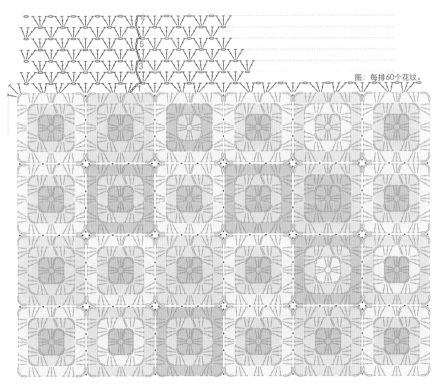

图：每排60个花纹。

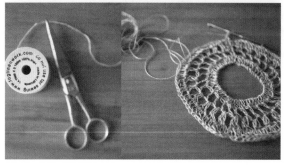

光线照射不到的地方
冰冷的瓷质电灯盖

夏季&冬季用灯罩

我家餐桌上面有一盏瓷质电灯。

因为它给人一种小时候住在厢房里的感觉,

所以买了回来。

但是又稍感厌倦,

因此想方设法给它改头换面。

如果做个布罩感觉不够档次,到底用什么好呢?

想来想去还是决定给它穿一件针织衣。

春、夏以及初秋的衣服用细线织,

而深秋、寒冬的衣服用厚重的线织。

这样准备了两套衣服后,

一盏独一无二的电灯就完成了。

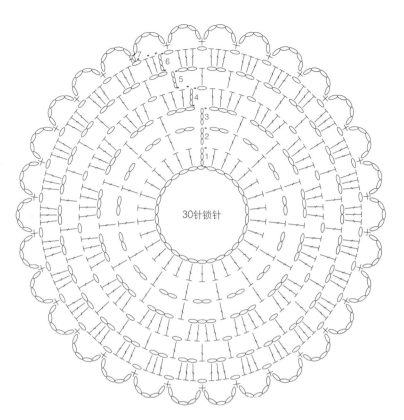

灯罩

所需材料 棕色毛线 5号针

制作方法

1 先织30针锁针，形成一个圆。

2 然后上面再织30针长针。

3 如图，加针织6排。

4 短针和锁针5针交替进行织到最后。

30针锁针

织着织着竟然连门把手都没能幸免
无聊的日子里 花心思制作的

把手套

基本上新房里

都会有把手套。

不，准确地说应该是每样家具

都被好好地保护起来。冰箱把手套、

微波炉套、桌布、

椅背套等。

但是，市场上出售的那些款式都太过时了。

这也是我一直没有买的原因。

直到某一天，

我突然感觉到门把手的冰冷。

所以我决定开始编织把手套，

而且是各式各样的把手套。

不同的房间样式不同，就算是同样的房间

也可以变化。

能够给人带来感动的把手套，

您也尝试着做一做吧。

把手套

所需材料 毛线，5号针

制作方法

1 先织12针长针。

2 如图逐渐加针，织到第4排。

3 第5~8排，继续长针。

4 第9排用长针和锁针交替编织。

5 如图编织第10~11排，最后用短针和5针
　锁针交替收尾。

6 最后将60针锁针锁边，然后将绳子穿在上面。

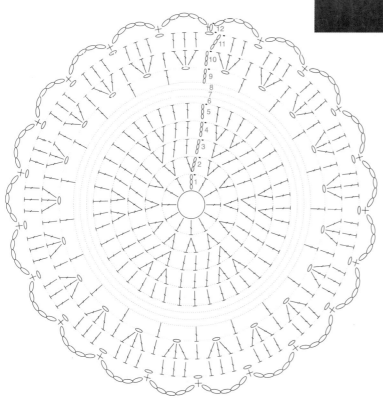

买了一个以前姐姐们常常提着的红色保温杯。

因为很宝贝这个保温杯，所以特意织了一个杯套。

很感谢能够留住温暖的保温杯，
给它穿上衣服，让它也暖和一下

保温杯套

现在随身携带水杯已经成为了一种趋势。

不仅可以带水，带咖啡，

还可以带茶。

一种名为tumbler的杯子最近十分流行。

虽然意思是没有把手的水杯，

但通常指可以用手握住的容器。

我也追一回流行，决定买个保温杯。

拒绝选择普通款式，我选择了那种复古的、

带有杯盖的保温杯，而且还是红色的。

我特别喜欢这个杯子，

所以使起来很在意，特别怕磕到碰到。

呵呵，我又蠢蠢欲动起来，决定给这个杯子织个外套！

这不，我提着完成的作品出去后，大家就开始纷纷向我询问出处。

但是，我绝不会告诉他们。

保温杯杯罩

所需材料 红色毛线，米色毛线，7号针
制作方法
1 短针14针。

2 从第2排到第7排各加7针。

3 从第8排到第34排不加针，各织56短针。

4 从第35排开始使用米色毛线，除了4针以外的52针都一样，一直织到44排。

5 从45排开始织52针短针，4针锁针，织出一个圆形。

6 到53排为止，都是56短针。

7 从第54排开始两倍长针。

8 短针56针织两排，最后如图收尾最后两排。

9 第35~44排的圈，用红色线锁边。

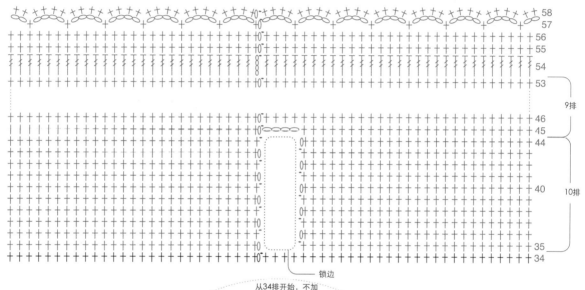

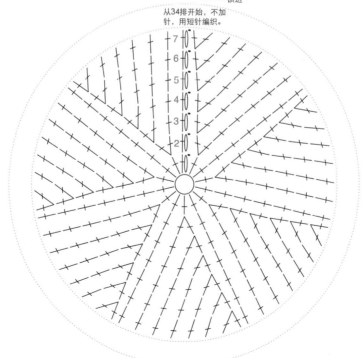

从34排开始，不加
针，用短针编织。

Mug Cup Knit Warmer

茶杯如此、心也如此，如果不会冷
却就好了。一如最初……

手织马克杯杯套

很久以前，在旅行的途中我第一次见到了茶壶套。

那是在一家红茶店里，店主人在呈上茶壶后，

又给茶壶套上了一个无指手套似的茶壶套。

因为店主人的原因，我一见到这个壶套，就爱不释手。

这个茶壶套十分漂亮。

冬天，我们常会在紧身袜外面再套上一层厚厚的袜套。

而马克杯杯套的原理也是如此。

这有什么暖和的？虽然看起来不太实用

但它多少还是有一定的保温效果。

而我们也能够享受更长时间的热茶和热咖啡，岂不乐哉？

马克杯杯套

所需材料 毛线，5号针

制作方法

1 长针12针

2 第2、3排各加12针。

3 不加针，直到第5排，织一个圈。

4 从第6排开始织36针长针。

5 第8排到第10排各加2针，之后不加针。

6 6针锁针，在第9排锁边。

7 配上带子，系上扣子即可。

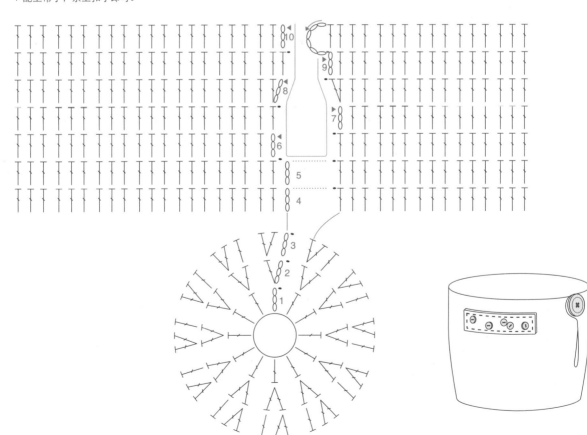

"我总是在客厅茶儿上摆满毛线后才开始编织,

而且只要我开始编织,家里就会变得像编织作坊一样杂乱。

看来不管我做什么,都是这么大阵势。

但是我强烈地感觉到,曾经那些积攒在心里的不愉快,

伴随着一针一针的编织在消失。

毕竟想要抚平内心的波澜,

就必须先去除那些岁月的涂鸦。

而编织的过程,似乎就像是一个能够抚平伤痛的橡皮擦。"

或许,以前妈妈在给我和弟弟织衣服的时候

也是同样的心情?

铺在茶杯下，带给你幸福的，
以及发挥着特殊威力的

针织杯垫

在这里给大家介绍我的编织作品。

但我的手艺还不甚精湛，所以稍微有些不好意思。

而且介绍的既不是衣服，也不是桌布，仅仅是些小小的锅垫、
杯垫而已，真是有愧于大家。

当然我也暗下决心，以后定会多下功夫，

将更好的编织作品介绍给大家。

在编织篇的最后一部分，向大家介绍的是
花瓣形的杯垫。

暂且介绍两种，分别是单色杯垫和多色混合杯垫。

白色杯垫

所需材料 毛线，5号针
制作方法
1 12针长针。
2 逐渐加针至第5排。
3 短针1针、锁针4针交替编织24次。
4 用短针结尾。

多色杯垫

所需材料 毛线，5号针
制作方法
1 14针长针。
2 逐渐加针至第6排。
3 最后用3针短针和一针挑针交替收尾。

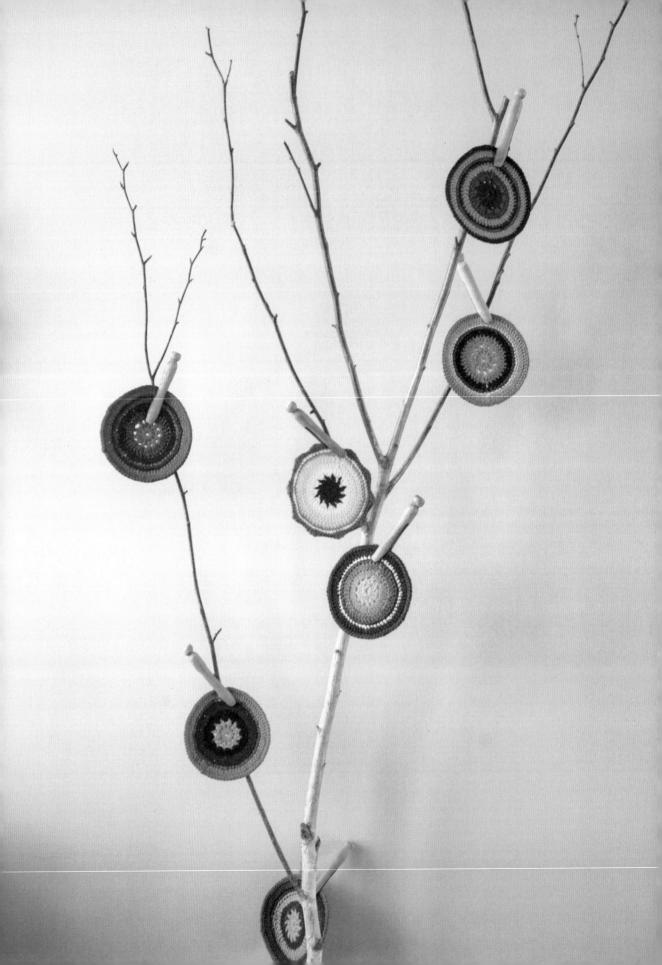

"我的针织作品，可以说相当简单，
归为方形、圆形两类即可。
但这些小东西却用途广泛。
圆圆的杯垫可以用在哪里呢？
想着想着圣诞节就在眼前了。
将这些小东西挂在树枝上，别说，还真有点节日氛围。"

与众不同的
圣诞装饰

Merry christmas
for you

"圣诞节如期而至，
大人们忙着准备，孩子们也要帮忙哟！"

用毛毡纸制作字母模板

每到圣诞节，家家户户都会装饰圣诞树。
但遗憾的是好不容易准备的圣诞树，却又很快要在节后收起来。
而一直摆在那里……
如果不想被看成懒鬼，你一定不要这样做。
我这里有一个一举两得的办法。
那就是提前营造圣诞气氛。但阵势不可太大，否则会给人一种
过犹不及的感觉，挂上简单的贴纸装饰就可以了。
而材料在大型的文具店都可以买到。
这样装饰一番后，家里立刻就会被渲染出节日气氛，
同时辞旧迎新，人也会变得更加谦逊。
我还做了一件事，那就是想一想在这一年里，
自己什么事做得好，什么事不小心错过了，
以及做过什么伤害别人的事。反思过后，
我发现人生并不漫长。虽然只过了30个圣诞节，
但却仿佛已经走完了人生一样，使人不由得急切起来。
我们一定要更加努力地生活。

毛毡字母贴纸

所需材料：三色毛毡（红色、灰色、白色）、毛线、乳胶

制作方法

1 可以直接在硬纸上写上MERRY CHRISTMAS的字样，也可以买来字母模板在毛毡上临摹。字母分三种颜色即可。

2 一个字母要刻出两个，在其中一个的背面涂上乳胶。

3 然后把毛线黏在上面，等乳胶稍微有些凝固后，再将另外一个字母对齐贴上去。这样一个字母、一个字母完成好后，再用其他东西装饰一下。

4 不用直接将字母固定在墙上，只要将毛线两端挂在墙上即可。我制作了两种，既有可以贴在墙上的，也有用线穿好挂在墙上的。其中挂式的，被我作为装饰钉在了工作间的架子上面。

祈祷明年要像星星一样耀眼。至少在我的人生中我才是top star！

明年要努力充实自己，并乐于分享。这样才能从圣诞老人那里得到更好的礼物！

闪闪亮的星星、胖乎乎的袜子
细心地剪裁，仔细地缝制！

星星、圣诞袜等圣诞装饰品

1 什么面料都可以。喜欢自然风格的我选择了白色亚麻布料，还有碎花、格子等面料。具体使用哪种随心情选定即可。星星的角比较多所以不好翻过来，因此直接从外面缝制就可以了。当然还要缝上麻绳，但一定要记得留口。

2 因为要留口装棉花。装满棉花后，胖乎乎的星星就会变得像小熊一样可爱。但不要太贪心，装得太多也会影响美观，适量即可。树枝，或者铅笔，总之是长的木棍就可以，用它将边边角角都填满棉花，不要漏掉某一角。

3 剩下的工作只要缝上扣子就可以了。为了配合布料的感觉，我选择了金属扣子。挑选大小合适的扣子，放在正中央，看起来会很美观。但如果想要效果更好一些，最好先用麻线穿过扣孔，再将扣子缝在星星上。这样麻绳看起来像两个小犄角，会更招人喜欢。

可以挂在树上，也可以放在篮子里，

或者穿上线挂在墙上，都会给人一种典雅的感觉。

星星状的、袜子状的、迷你圣诞树状的、动物状的……

不管是什么，都能够简单地制作出来。

送给朋友们，不也是一种不错的

辞旧迎新的方法吗？

1 可以直接使用以前破洞的袜子，也可以将准备好的布料按照模版剪成袜子状备用。如果没有模版也可以比照着袜子剪裁。此外，还要准备好装饰在脚掌和脚跟处的碎花布。2 先将装饰用的碎花布缝在袜子上。用针线，仔仔细细地缝。如果想要整齐的感觉，最好在缝之前向里面折个边，但如果喜欢比较自然的感觉，直接缝上去即可。3 将准备好的前后两片布背对背缝在一起。注意一定要留个袜口，这样才能装棉花。缝好后将里面翻出来。4 从袜口处装入棉花。从头到尾填实。填好棉花后，将袜口的边缘向里折，锁边。

1 给院子里的花草树木剪枝的时候，将树枝收集起来。然后将6根树枝剪成同等长度。2 树枝每3根一组用铁丝固定，组成两个三角形。3 如图将两个三角形连接在一起拼成星星的样子，摆放在架子上。

收集树枝并修剪
　拼成图形，连接起来/搭配装饰⋯⋯

圣诞花束和花环

1 将真树枝和假树枝修剪好，用绳子和毛线捆绑在一起。当然从圣诞树上摘下几片叶子捆绑在一起会更加漂亮。最后挂上之前制作好的星星、袜子或者其他圣诞树装饰。完成后可以挂在墙上。2 只将一个六角形装饰放在碗柜上稍显不足，所以我又拿来了陶瓷作为点缀。这样一字排开，整体氛围瞬间能够得到提升。

圣诞装饰并没有固定模式，
只要能烘托出圣诞的感觉即可。所以我用多种方法
制作出了各式各样的圣诞装饰。这次是利用树枝所做的装饰，
操作很简单。搭配上星星、袜子等，
更能体现出圣诞的欢乐气氛。

在圆形鱼缸中放入食盐、洋蜡、松球，
用鱼缸制作圣诞球

人人都期待能够度过一个白色的圣诞节。

恋人们可以手牵手一起赏雪，

夫妇们可以站在窗前一起眺望雪景。

虽然圣诞还很遥远，但我已经迫不及待了。

幻想着以后变成老爷爷、老奶奶，

在山中建座小屋，与老公一起共度白色圣诞节。

但那时是那时，现在是现在。

可以幻想，但也要付诸实践。

所以我准备了透明鱼缸、松球、洋蜡，

现在坐在客厅的地板上，马上开工。

从围裙到手套装扮得好像要大干一番一样。

但并非如此，

只不过是我做什么都喜欢大张旗鼓罢了。

1 准备好一些高低、粗细不同的白色洋蜡，三四个透明玻璃球，以及榉树树枝和食盐。我还购买了人造雪花，当然也可以用食盐代替。

2 首先在玻璃球中装入食盐。量要适中，大概占球的1/3 左右。先撒一些盐，然后埋入洋蜡，最后再撒一些盐用于固定。

3 在松果上喷些白色油漆。并不是全部喷白，而是轻轻地喷一下，就像撒上食盐的效果。如果没有油漆，直接放进去也可以。

4 用喷漆喷得漂漂亮亮的松果。仿佛营造出了一种雪后松林的感觉。

5 将松果放入装有食盐和洋蜡的玻璃球中，放置无规律。只要自己觉得漂亮即可。

6 然后将粗细、长短不一的树枝插在上面作装饰。此外，我还加入了可以散发香气的肉桂段，以提升整体氛围。

Merry Merry Christmas
制作圣诞树装饰品的秘诀

我又拿出了去年用过的圣诞装饰品。

而且无须多言，老公就心领神会，

自觉地和我一起组装起来。谢谢老公，

和我这样一个把感觉看得比生命还更重要的老婆一起生活。

最后一步应该就是摆圣诞树了。仿佛只有摆上了圣诞树，

才算给准备工作画上了完美的终止符。

虽然圣诞树不用支撑也可以立起来。但是为了更有效果，

我还是给圣诞树做了一个台子。

先准备好一个大小合适的木箱子，

然后在里面铺上具有异国风情的松果，

或者装饰布，抑或一张新闻报纸。

随后在箱子上放上一个大桶。

然后将圣诞树立在桶中，这样一来，即使是假树也会很迷人。

摆好圣诞树，挂上小装饰品，

打开灯，大功告成！

离圣诞还有一个月的时间，我家已经摆上了圣诞装饰。

如果没有圣诞树，在树枝上挂上一两个花环也是不错的选择。

在复古铁桶中装上松果，嗯……很有感觉。

不管是什么都可以，例如大南瓜也可以做装饰。

挂上各种圣诞装饰品。
这才是Merry Christmas!

在家中举办了点灯仪式，随着灯光的亮起，心也一下子沉静下来。在这种氛围里，红酒是必备品。

仅有一次的人生，要像堆柴那样，耐心地，一点一点循序渐进。

Good Luck &

对待生活，要像燃烧的篝火般炙热，因为人生只有一次。

Happy New Life!

对于女人来说整理

收纳　　就是战争

准备工作完毕，工具齐全，斗志满满。

但以防万一，最好还是再确认一次。

密封玻璃瓶、塑料盒、密封容器、

箱子、胸卡、标签纸、笔，等等。

啊！忘掉了垃圾袋。这个可万万不能少。

现在围上围裙，带上头巾。

然后闭上双眼大喊"圆圆，你可以做好的，加油！加油！"

但打开门的瞬间，

刚刚鼓舞起来的士气就立刻消失得无影无踪了。

哎！什么时候才能全收拾完啊？

是的，整理收纳对于女人来讲就是战争。

可能也会有人说，既没有枪也没有炮算什么战争。

但这绝对是因为他还不了解其中的难处。

一拖再拖，

不能再拖的时候，

才不得已开始的就是收纳。

但一定要记住，

如果房间整理不干净，怎么装修都于事无补。

没有其他办法了，现在就开始吧。

毕竟不能总是这样懒散地活着吧！

如果所有东西都整整齐齐，

待在触手可及的地方，

就很容易找到收拾的节奏。

但这种境界，

很难达到。

因为这些小东西似乎都长了脚，

不会老老实实地待在原来的地方……

粥在沸腾、锅里消着毒的衣物在沸腾，而因为家务而疲惫的心，也在沸腾。

    收纳就是战争

每天都是做不完的家务。

洗碗、做饭，再洗碗。扔垃圾，买菜。

洗衣服，消毒衣物，穿衣服，再洗衣服。

这就是我们的人生。

完全看不到尽头。

而这样一环扣一环的日子，也就是我们的生活。

难怪老人们常说，

"家务做与不做根本看不出来"，因为真是怎么做都做不完呢。

即使你累得腰酸背疼，

也经常会听到类似"你到底都做了些什么？"的质疑。

家务做到什么时候是个头呢，要是能知道答案就好了。

如果我们不能压制住家务的嚣张气焰，恐怕到死的那一天，

也摆脱不了这样的命运了。

但是某一天，我突然开了窍。

既然家务要一直做下去，那何不如做得更专业一些呢？

既然要做饭，就做得更精致些；

既然要清扫，就清扫得更彻底些；

既然要洗衣服，就洗得更干净些。

我发现想法转变之后，家务做与不做之间的差异，

似乎也变得越来越大了。

只要经过我的手，东西都会神奇地恢复原位。

就算是方便面，也能变得像御膳一样美味。

整理收纳便是让我下定决心好好做家务的动力。

因为打开房门，看到所有东西井然有序，

我就会感到付出的所有辛苦都是值得的。

所以为了能够让做家务变得更有幸福感，

我每天都在认真地整理与收纳。

我的家就是我的小世界。

我要让家里一尘不染，

甚至桌面光滑得连苍蝇都要滑倒。

室温保管、食品收纳

收纳是事关生存的大事，

因为要将成千上万"吃入嘴中"的食物进行分类并不简单。

我刚刚就从橱柜里翻出了一个不知道是什么的黑色袋子，

打开一看，杂粮、海带、鱼干、小虾米……真是陆海空大集合。

今天，我势必要将这些小东西收拾干净。

在室温下保存食物，没有比密封玻璃瓶更适合的器皿了。

对于食物来说，密封玻璃瓶就是豪华宫殿，就是总统套房。

"准备好了吗？"
"准备好了！"

洗涤密封玻璃瓶

我是玻璃瓶发烧友。

在我看来什么都比不上玻璃瓶。

特别是在存放食品的时候。

当然，与金属器皿相比，玻璃瓶较轻，用起来也很方便，

但不能用热水蒸煮消毒，所以存在一定的安全隐患。

但玻璃瓶却不存在这些担忧，

不仅方便收纳，而且看起来也相当有档次。

因此这如此之多的玻璃瓶，

也是虚荣心作祟的产物。

而且买玻璃瓶都像挤海绵一样，一件一件地买回来才不会产生负罪感。

因为如果一次性买回来的话，信用卡立刻就会透支。

而接下来就只剩下装瓶的问题了。

胜利就在眼前。

对了，忘了一件在我的博客中经常提到的东西——煮锅。

它是我在逛古董街的时候淘回来的宝贝。

虽然看起来很朴实，但却是真正的英国古董，

听说以前也是专门用来煮衣服用的。

买玻璃瓶时的注意事项

是否能冷藏、冷冻、耐高温，是在购买玻璃瓶时必须仔细确认的事项。因为质量越好，用起来越放心。而瓶子的大小则需要参照家里的人口数量和储存食物的多少来决定。小的有1升的、2升的，大的有4升……我主要使用这三种大小的玻璃瓶。而款式我则选择了有把手的和偏圆的，每种都买一些，用起来很方便。

1 一定要确认瓶子是否有裂缝的地方。因为不能让食物接触细菌。2 将盖子、密封垫、其他零件拆下来。然后进行消毒。3 将瓶子放在装满水的锅中煮沸。为了防止瓶子直接受热，可以在锅底铺上一些抹布或者毛巾。此外刚从冰箱里拿出来的玻璃瓶绝不能直接放在热水中。4 用干净的毛巾将玻璃瓶翻过来，倒掉其中的水。不要擦，自然风干就好。刚拿出来的瓶子还有余热，所以最好先自然风干5到10分钟。5 最后等玻璃瓶中的水挥发干净即可。

"正在装吗？"
"正在装"

适合装在密封玻璃瓶里的食品

密封玻璃瓶是最佳的储存容器。

现在准备好瓶子，就可以将家里需要储藏的食物

都翻出来了。需要装在密封容器中的食物大概分为两类，

分别是干货和湿货。而能够同时将这两种食物储存完好的

就是密封玻璃瓶了。

当然只要大小合适，

没有玻璃瓶装不了的食物。

装的方法也很简单，

下面我向大家介绍一下。

湿货

- 种类：大酱、辣椒酱、包饭酱。
- 酱菜：用酱油、盐、大酱、辣椒酱腌制的食品。
- 腌菜：腌黄瓜、腌萝卜等。
- 泡菜：自己做的，以及父母给的泡菜。
  还有水泡菜以及剩下的泡菜汤。
  （泡菜汤不要扔掉，可以在再煮泡菜汤的时候放进去提味）
- 果茶&果酒：在家中泡制的茶或酒。
  一定要密封保存。
- 海鲜酱：像虾酱、鱼浆等量比较大的海鲜酱。

干货

- 杂粮：黏米、糙米、大麦、豆子等杂粮，以及米粉、面粉等。
- 各种茶：大麦茶、玉竹茶、五味子茶、玉米茶等。
- 干海鲜：干鱼、海带、紫菜等需要长期保存的食品。
  海带和紫菜最好剪成小块储存。
- 坚果类：核桃、花生、松仁等。
- 各种肉脯：肉脯、鱼肉脯、鱿鱼脯等。
- 调料：辣椒粉等粉状调料。
- 面条&意大利面：最好放在比较高的密封玻璃瓶中。
- 晒干的食物&酥脆的食物：将各种晒干的水果或果实，以及遇到
  空气就会变软的酥脆食物放入玻璃瓶中。
- 麦片&零食等：将吃剩下的麦片和零食放在密封玻璃瓶中保存。

一打开盖子，大麦茶的香气就
扑面而来。

下大功夫制作的柠檬茶
当然是从市场上买回来，
再放入密封玻璃瓶中
也可以骗过老公，假装是自己做的。

在拿取干货的时候最好使用木质工具。
可以将木质工具一起放入瓶子里。

封入玻璃瓶后
就再也无须担心食物会变软，或者生虫。

这把不锈钢长柄勺
是从网店买到的，十分好用。

带把手的密封玻璃瓶使用起来
便利性翻倍。

Before

关上门来看，跟普通的冰箱没有区别。

但一打开门，里面的景象虽然不算太糟糕，但也不是很令人满意。

冰箱收纳

冰箱总是有很多问题，稍微不注意

就会变得像垃圾桶一样脏乱。

我们三口之家就这样难办了，

如果人口再多些，那要怎么办才好？无论如何一定要找到对策才行。

马马虎虎地整理，不过是掩耳盗铃，因为没过几天它又会恢复原状。

所以如果想要冰箱一直井然有序，

那就要多下功夫，

不仅要更换容器，还需要准备一些标签纸以及油性笔。

很多人认为"整理等于扔东西"，

但在我看来，最重要的还是要让容器统一起来。

虽然不可能只使用一种容器，

但选择相近的材质和颜色也可以达到事半功倍的效果。

正方形的、长方形的、小正方形的等等，虽然有点小贵，

但绝对物超所值，因为它们定会让你的冰箱焕发光彩。

这样用心整理完毕后，即使是同样的食物

都会看起来比以前更加美味。所以说整理时怕麻烦是一定要不得的。

After
需要不断清理的冰箱。

如果能够做到这种程度，即使婆婆来突袭，也不会觉得丢脸。

"那么，一起来看看冰箱里储存的食物吧！"
易拿易放的食品保管法则

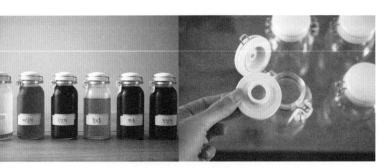

这就是用来盛放调料、食用油、酱汁的小号密封玻璃瓶。
我喜欢它的原因在于打开盖子时，
如照片中所看到的那样，里面还有一个硅胶盖子。不仅拆卸、
清洗方便，比起其他材料，密封度更是100%的完美。
既不会乱撒，倒的时候也很方便。

这些细长口的密封玻璃瓶可以在家居卖场或者网
上商城购买到。我惊奇地发现，在很多大型超市
里都是用这种瓶子来装高级酱油的。难道说高级
的东西就要装在高级的瓶子里？所以我买了两种
大小不同的瓶子，分别用来装海鲜酱和果酒。

在留言纸上写下食品的名字。
切记不要贴在容器外面，而要放在容器里，
这样即使清洗或者更换容器的时候也还可以再利用。

即使不贴在容器外面也可以看得很清楚，所以无
须担心。

我的最爱——密封玻璃瓶，在冰箱里也是超级明星。

像食用油、果酱等要装在小瓶子里，

而海鲜酱、果酒等就要装在大瓶子里。

不要忘了，装之前，一定要在瓶子外贴上标签。

毕竟想要喝酒的时候，喝到了海鲜酱油就不好了。

而坚果可以放在小方盒子里，各种粉末状的东西则需要放在大的容器里！

同样记得把写好名字的标签放在盒子里，这样一来就能迅速分辨出是什么东西
了。虽然也有能够贴在容器外面的贴纸，但每次清洗时都要摘下来，不如直接放
在里面方便。

坚果类、果干等放在四方形的密封容器里。

暂停一下！在往密封容器里装东西的时候，如果先
用密封袋分装一下，就可以一个容器中放入多种食
品了，而且即使一起存放也不用担心串味。

用这种方法将食品装入正方形
密封容器中，看着真舒服。

"从侧门到冷冻格，装得满满当当！"
冰箱门格&冷冻格的整理方法

随着双开门冰箱时代的到来，如何利用好门格变得越来越重要。

事实上，门格也是最容易变得乱糟糟的地方。

因为我们往往会随心所欲地将各种酱料、调料瓶、

饮料等扔在这里。

并且有时化妆水、面膜等也会出没于此。

所以每次打开冰箱门，我的心情都会很烦躁。

而冷冻格就更不用说了。

因此为了解决门格和冷冻格的利用问题，

我使用了以下方法。

实际上，

这些方法也并不是我的专利，

都是我从这里那里听来的，

只不过稍微融入了一些

我自己的奇思妙想。

冷冻格，我家冰箱的冷冻格是抽屉式的。事实上，这也是我最没有自信的部分。

因为要储存的东西实在太多，没有一处剩余空间。而我的方法只有一个，那就是使用密封袋。

并且各种东西需要进行分类包装。当然，需要先把东西收拾好，然后再装进去。

左侧冰箱门像这样，

鸡蛋依然占据最上方的位置。

因为这里除了鸡蛋也放不下其他东西了。

而中间部分是最难办的。

因为容器的颜色、款式都不同，

所以我只按个头大小进行了简单排序。

我比较满意的是最下面这一格。

在这里，装进密封玻璃瓶中的各种

液体被整齐地摆放在一起。真漂亮！

这是右侧冰箱门。最上面是维生素，

因为事关健康，所以受到重视。

中间塑料桶中的是大麦茶、芝麻、料酒等。

而下端放入了大瓶的凉白开，

是不是连冰箱看起来都有一种健康的感觉呢？

"看不到的食物也能瞬间找到！"
方便拿取的冰箱收纳法

饭菜存放是最大的难题。因为每到吃饭时，都要从冰箱里拿出来，放进去。

想一想迄今为止我们有多少食物是因为不知道藏在哪里而放坏的。

由此可见整理冰箱的重要性。

如图，首先我将坚果和果干等装入塑料盒放在了最上面一层的左侧。

然后将装有柠檬茶、核桃、蜂蜜的密封玻璃瓶放在最右侧。

就像合并同类项一样，除饭菜以外的食品要放在一起。

接着按照高矮大小进行排列组合，就会整齐很多。

而装有泡菜、辣椒酱菜的密封玻璃瓶以及用来装泡菜的，

也是体积最大的密封容器则应放在下一层的左侧。

此外，为了方便取放，小菜放在中间部分，

健康药品和其他调料放在右侧的两个收纳盒里。

不错，很整齐。

"因为放的时候有顺序，所以叠在一起也没有问题！"
冷藏格各段的收纳方法

这次介绍冷藏格。先从可抽拉的储物抽屉开始吧！这也是冰箱最下面的一层。

我将大小相同的正方形塑料容器叠放在这里，仿佛盒子们在抽屉里聚会一般。

茶、芝士、下酒菜等放在一起，因为同类合并是整理冰箱时遵循的基本原则。

抽屉的左边放水果，因为我是果农家的媳妇，所以家中水果供给充足。

而为了保证苹果等水果的水分不流失，最好将它们放在塑料袋中保存。同样橘子也最好

放在密封袋中摆放整齐。

抽屉的右边是蔬菜的天下。葱要切成葱白、葱叶两部分分别进行保存。

这样做饭时会更加便利。

而其他蔬菜也要分类装进密封容器，或者密封袋中。

看着这些保存完好、新鲜诱人的蔬果们，真是令人感到欣慰。

而我的冰箱故事也就此结束了。

"这里是住家？难道不是饭店？"如果您有这种困惑，

那我真要不好意思地向您坦白。

这其实是我家橱柜抽屉中的一格。

橱柜的收纳与整理

餐具保管要领

饭勺、茶勺、筷子、叉子、刀子……在刚开始做家务的时候，我曾这样想人家是怎么保管这些餐具的呢？经常用的拿出来，舍不得用的放在盒子里，过时的放在塑料袋里，这是我最初的做法。但随着一点一点掌握要领后，我找到了更适合的方法——那就是不管是冰箱、橱柜，还是抽屉，只有分门别类地整理，才能省去第二次的麻烦。也许有人会说"餐具怎么可能有这么多？"，但是边边角角全部大扫荡一遍的话，我敢说绝对会有这么多。所以，我决定用橱柜中的两个抽屉专门存放这些餐具。这样一来，不仅看起来舒服，找起来也更加容易。

方法1 使用塑料盒

塑料盒十分常见。你可以将它们放在抽屉里，进行拼放。只要大小合适，拼放整齐，不留空隙即可。

方法2 使用带格子的托盘

比使用塑料盒更为方便的方法，因为托盘本身就已经分好格了，不用再像塑料盒那样拼凑。而且可以像餐盘那样，整个拿出来，使用起来更为方便。但缺点是不能按照自己的需求使用空间。剩下的空间需要再想办法进行利用。

方法3 按照抽屉的大小制作木头盒子

这是我最近尝试的一种方法，也是我研究来研究去后想出的新招。图中的盒子就是我在设计好大小、形状之后，交给加工厂制作出来的。虽然有些麻烦，但还好价格不是很贵，所以义无反顾地去做了。做好的盒子十分令人满意，就好像我的厨房也瞬间变得像知名酒店的后厨一样豪华。

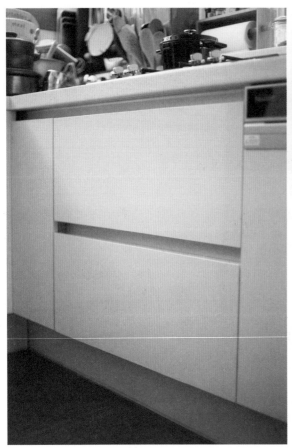

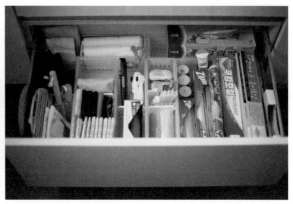

杂物的保管收纳

最难整理的就要数厨房里要用到的这些小东西了。例如保鲜膜、锡纸、毛巾、垃圾袋等。如果不管三七二十一地堆放在抽屉里，很可能相互"纠缠在一起"。终于有一天我忍无可忍，给它们来了一次大清理。而且貌似整理起来也并不费事。只是需要一些收纳工具而已。我选择用塑料盒。

垃圾袋，折叠要领

1 首先准备一个放垃圾袋用的塑料盒。2 将很多个袋子放在一起一张一张地叠。3 沿着袋子原来的线，袋口部分往里折，袋底部分也往里折。4 然后横着对折。5 再横着对折一次。6 最后竖着对折一次，折叠成正方形。7 将折叠好的垃圾袋按顺序码放在塑料盒里。

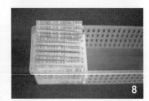

各种袋子

不管是垃圾袋，还是买东西时送的袋子，放在哪里都是个问题，因为袋子不管塞在哪里都可以。但是袋子躲起来也很容易让抽屉变得杂乱。所以我只要买来垃圾袋就会按前面所讲的方法折叠起来。当然，其他的袋子也是一样。袋子和袋子放在一起，抽屉也能看起来更加整齐。同样，锅垫、手套等小东西也要同类合并。

各类抹布和棉布

厨房里既要用到抹布又要用到棉布。但它们的用处完全不同。

抹布可以按照用途和面料分类。如图这样归类放置后，完全不需要二次整理，一直能够保持一种干净整洁的状态。

锡纸、保鲜膜、密封袋等

这类东西一般都是成盒包装的，例如锡纸盒、保鲜膜盒。这种情况下，最好的整理方法就是将它们码放在一起。但关键是要将同种类的放在一起。

这样才不会在拿放的时候弄乱其他的东西。

小件厨房用具

厨房用具五花八门，有很多东西完全无法归类，所以整理起来十分不容易。但也无需把事情想得太复杂，只要按照大小不同进行分类即可。并且要尽量将所有的小东西放在同一个抽屉里。

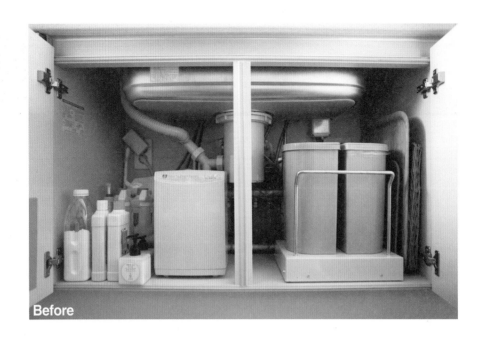

Before

厨房水槽的整理

橱柜里，最令人无从下手的就要数水槽下面的空间了。因为排水管道像香肠一样盘旋在这里，而且我还把净水器和食物垃圾桶摆放在此，所以就别提放置其他东西了。能够塞在这里的东西只有那几样，洗涤用具和清洁工具等。虽然可以见缝插针地把它们塞进去，但是为了拿取更加方便，我还是专门准备了塑料筐来装它们。

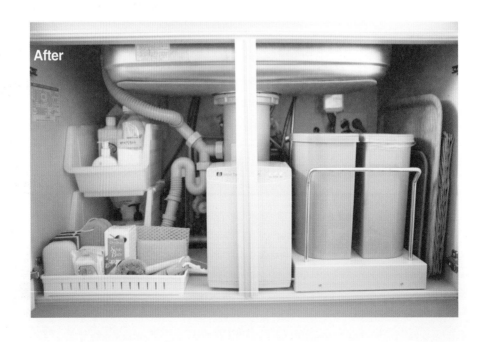

After

收纳也要分层

虽然塑料盒的高度是固定的，但是装在里面的物品的高度却有很大差异，所以高出很多的必须摆在第2层。如左图所示的厨房洗涤剂等就要放在2层，而像图右侧照片中的洗手液、护手霜等就可以放在1层。

  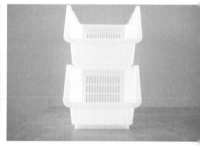

用途广泛的塑料盒

收纳整理时还有一个方法就是利用立体空间。而要做到这些，先要准备适合的工具。图中的塑料盒就是一不错的好选择，因为它有4个可以打开的托。而且塑料盒上还有小轴辘，所以很容易拉动。只要打开盒托就能够将第2层搭在上面，而且合上盒托后还能起到很好的固定作用。

清洁球、刷子等清洁用具

将清洁球、肥皂、刷子等洗碗和清洁用品放在同一个篮子里可以方便拿取。像这样将清洁用具放在一起，需要大扫除的时候只要提着这个篮子出动就万事ok了。真没想到收纳达人圆圆夫人连清洁球都会不放过！

我们家的仓库，多功能储物间

大部分小户型公寓储物间都很小。

要是建筑师能够了解

储物间对于主妇的重要性就好了。

就拿我家来说，比起宽敞的客厅，

储物间真是小得可怜。不仅空间小，而且门还是向里开的，

这样一来真是连转身都很困难了。所以里面只能放下两样东西，

实木架子和白色的储物柜，

而且两者还比必须以"L"字形摆开。

这只7年前一时冲动购买下来的白色储物柜，

正确来讲应该是个衣柜。当时我正想找一个矮些的储物柜，

这个柜子就出现在眼前了。

所以我把它买下来，但并没有用来装衣服，而是装起了杂物。

最后我把它放在了储物间。

俗话说便宜没好货。家具如果太便宜，最好还是不要掏腰包。

下面就向大家公开

这个一直被我尘封在储藏间里的白色储物柜。

看到柜子里的不锈钢管，大家就应该知道了吧，

它的确是个衣柜。但我并没有把这根管拆下来，

就直接那样用了。

但是整理完之后发现和整理前也没什么区别，

稍微有些不甘心。但是仅凭关上门就什么也看不到这一点，

还是甚感欣慰。

好，那么，下面就一格一格来看一看

这个白色储物柜的内部构造吧。

Before

After

柜子的最上方放了3个铝盒。虽然这3个盒子是为了其他用途才买回来，但并排放在这里还真是严丝合缝。所以我就用它们来装酱油、酒、肉罐头了。

第二层架子上放了3个收纳盒。而且因为盒子底下有轮子，所以拿放相当方便。

盒子旁边还剩下了一小块很窄的空间，没想到放上这个塑料盒子正合适。真是开心。我在这里放了紫菜和干蘑菇。

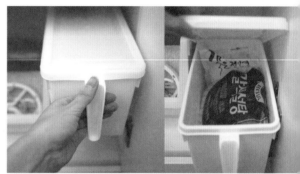

最下面一层我放了2个带把手的收纳箱。一个放上了烘焙面包的材料，另一个放上了糖和盐。

并排放置的收纳篮里的是用密封玻璃瓶储存的辣椒酱和海鲜酱。真是"物以类聚"，呵呵！

而储物柜上面放着的正是我的博客"那处那家"中的大热单品，铝制煮锅和不锈钢盆。
虽然材料不同，但大小基本一致。

刚才提到的3个收纳盒中，最右边的被我放上了玻璃瓶和
饮水瓶，中间的是辣椒酱，最左边是保健药品。

在介绍橱柜时讲到的双层塑料盒，这里并没有摞在一起
使用，而是并排放在一起（因为储物柜间距太小放不下双
层）。其中一个被用来盛放抹布和清洁用品。

圆圆夫人的小决心

不久前，和房主签订了

长期居住合约。

所以与之前相比，

我更爱这个家了。

今天，整理好储物间，

看到窗外湛蓝的天空，

我感觉无比畅快。

对，我要更努力地活着。

更加整洁地，更加多彩地，

更加帅气地活着！

琐碎的卧室抽屉整理

一切洁净如新，大功告成。

大扫除结束后犒劳一下自己，涂些护手霜，再来一杯现磨咖啡，

吹吹风、听听音乐。但溜到卧室的时候一看，瞬间奏响警钟。

"对了，还要整理抽屉，要整理抽屉。"

刚刚才清完灰、擦过一遍，现在再来翻箱倒柜？

这不是菜鸟才会干的吗。但即使理性告诉我"不行"，身体还是潜意识地走向了抽屉。

大概我身体里的仆人本性又发作了。

一打开抽屉，战斗力瞬间飙高。抽屉就是这样，关起来的时候像天使，一打开就是核炸弹。老公的内衣、我的内衣、老公的袜子、我的袜子、长筒袜、短筒袜……真不知道怎么会有这么多东西。虽然讲到整理内衣有点害羞，但只要是女人都能了解我的这份心情。因为要将这些东西整理好要花3到4天的时间，而让它们纹丝不动，井井有条地待在一起更是难上加难。所以在此我想要把自己的秘诀与大家分享。

关键就在于如何叠放。只要决定好如何叠、如何放，这些抽屉里的难题就会迎刃而解。

来试试吧！叠东西又不需要投资什么。只要充满希望，这些最开始看起来很琐碎的东西，也会很快上手的。那时整理抽屉就再也不是你的烦恼。

叠T恤衫

谁都会有一两次这种经历，就是衣服的肩膀处被衣架撑出两个小犄角。虽然平价T恤衫叠成什么样子，或是扔在哪里我们都不太在意，但是对很贵的高级T恤衫却格外上心。所以往往会将T恤衫精心地用衣架挂起来，结果就出现了以上那种狼狈的情况。因为衣架太细，所以就撑出了角来。虽然现在也有专门用来挂T恤衫的衣架，但价格不菲，所以我还是决定在叠放上多下功夫。

叠T恤衫的方法

1 T恤衫背面朝上，将准备好的叠衣板放在T恤衫的上端中心位置。

2 沿着叠衣板将一边的袖子叠好。

3 再把剩下一侧也叠好。

4 然后将下面的部分向上叠。

5 抽出衣服中的叠衣板。

6 如上图，再将衣服对折。

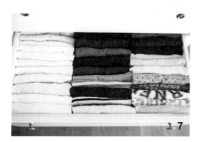

7 在码放T恤衫的时候，比较光滑的一面尽量放在上面。此外最好按颜色进行分类，不仅便于查找，看起来也更加整齐。

叠打底裤

现在简直无法想象没有打底裤会怎样。这都是流行闯的祸。

不知从何时起，在20几岁的年轻女孩间开始流行起了打底裤，还因此备受非议。

"是谁打翻了染缸吗？看来只有瘦人才能穿这种衣服！"

但是随着打底裤的进化，搭配方法也发生了改变。只要用宽松的T恤衫或者裙子盖住赘肉较多的部位，不论是谁都可以穿出感觉。

也正因为这样，抽屉里的打底裤多得都快堆成山了。厚的、薄的、棉质的、丝质的等等。

因为比内裤轻薄，所以如果不好好整理，抽屉里就会乱作一团。既然已经开始，那就一干到底，这样不仅抽屉整洁，自己的心情也会变好。

叠打底裤

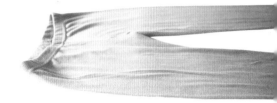

1 正面朝上，左右对折。

2 将臀部突出的部分稍微向里叠起一部分。

3 上下对折，缩短长度。

4 松紧带部分向里折，如图折到中间即可。

5 将上部稍微撑开。

6 将右边的部分塞到松紧口里。

7 展平，按压一下就算叠好了

8 打底裤也像T恤衫一样，光滑的一面朝上放置。而且按颜色和面料的不同排放。

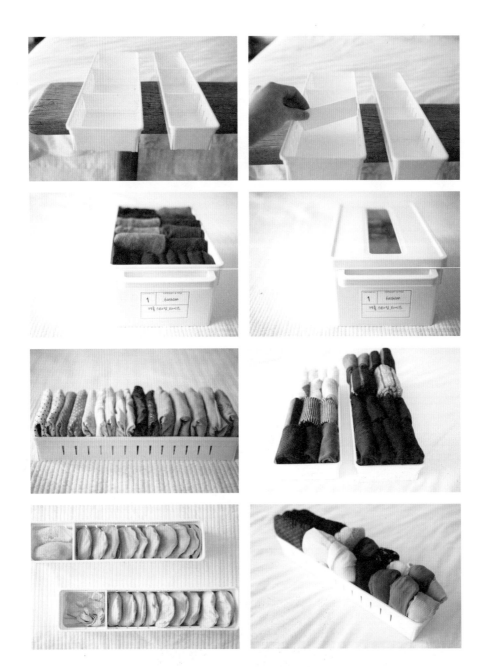

使用工具，
充分利用抽屉空间

像T恤衫、打底裤这种有一定大小和厚度的衣物即使没有外力，

也可以自己支撑在那里。但是像内衣、袜子这种小东西却很让人伤脑筋。

因为它们本来就很小，如果再折叠一下简直就要变成绿豆大小了。

所以说如果让这些小东西在抽屉里滚在滚去，即使放的时候很方便，

取的时候也会很麻烦。而且要是与其他衣物混在一起，

很容易将其他叠好的衣物也弄散。

而能够从根本上解决这个问题的方法就是使用辅助工具。

以前用过面膜、纸箱子等，

但是用了这么长时间似乎也需要升级了。

何况现在新工具这么多。

从可以自由搭配的隔断、收纳袋、纸质盒子、塑料盒子到各种篮子等，

真是数不胜数。

而在这些东西中间，我更喜欢塑料质地的工具，因为相比较而言塑料

更为干净。而且不仅有隔断式的，还有带盖子、带把手的，种类繁多。

像那种带盖子的塑料箱，就最适合换季的时候

用来存放上一季的衣服，干净好用。

叠三角内裤

"连内裤也拿来教学没关系吗？很丢脸的……"
没有介绍内裤就更奇怪了。谁不穿内裤啊？"
"这人真是的，难道不是你自己的内裤就能这样无所谓了吗？"在和编辑的争执中，
我最终还是败下阵来。也是，哪里有不穿内裤的人呢？虽然感觉很丢脸，
但是没关系。下面就从最隐私的三角裤开始吧。

叠三角内裤的方法

1 正面朝上，展平。左右三等分，从一侧开始向里折。

2 将另一侧也向里折。

3 上下三等分，从上向下折。

4 打开松紧口。

5 将剩下的部分塞进松紧口里。

6 最后按平整即可。

叠平角内裤

这次来叠男款内裤。事实上,
这个方法并不是我想出来的。只是从哪里看到后,
试了一试,感觉比自己的方法更好所以沿用至今。如果您试过之后
感觉没有多大用途,换个方法也不无不可。

叠平角内裤的方法

1 正面朝上,左右对折。

2 将臀部突出的部分稍微向里折一点。

3 左右再对折一次。

4 上下3等分,将松紧带部分向里折。

5 敞开松紧口。

6 将下面的部分塞到松紧口里,按平整即可。

241

长腰袜折叠

现在不分男女都喜欢穿短腰袜。但是老公每天都要穿西装外出，

长腰袜是必备单品，反而觉得短腰袜稍微有些不方便。

所以说我们还是要珍视"袜子界的传统"长腰袜。

长腰袜有两种折叠方法。下面就为您介绍这两种方法。

长腰袜子折叠方法1

1 两只袜子全部背面朝上，脚跟部分向脚掌部分对齐。

2 将两只袜子叠放在一起，上面的袜子四等分，脚掌部分向里折1/4。

3 上面的袜子再折1/4。

4 将两只袜子的松紧带部分都向里折。

5 下面的袜子向里折1/4。

6 上面的松紧口打开。

7 将剩下的部分塞到松紧口里。

8 按压平整。根据袜腰的长短决定折叠的次数。最后将叠好的袜子放入准备好的盒子里即可。

※ 圆圆夫人 注
我个人更喜欢这种较为整齐的折叠方法，因为圆圆夫人我是"外貌协会"的！

长腰袜子折叠方法2

1 两只袜子侧面朝上放置，上面的一只脚掌部分向里折大概袜长的1/4左右。

2 同样方法再折一次。

3 如方法1一样，将两只袜子的松紧口的部分均向里折。

4 将下面那只袜子的脚跟部分向里稍微折一下。

5 将剩余部分对折。

6 上面的松紧口打开。

7 将剩余部分塞入松紧口中。

8 按压平整即可。然后摆到盒子中。

短腰袜子折叠方法1、2

短腰袜子有两种。一种是完全没有袜腰的，一种是袜腰不算太长的。
但是折叠方法类似，不用特别说明，但是出于作者的使命感，
我还是一一进行了介绍。

无腰袜子折叠法

1 两只袜子均背面向上，脚跟部分向脚掌部分对齐。

2 将两只袜子叠放在一起，上面的一只往里折。

3 松紧口部分向里折然后稍微打开一些。

4 将剩余部分塞到松紧口里，然后按压平整。

短腰袜子折叠法

1 两只袜子均背面向上，脚跟部分向脚掌部分对齐。

2 将两只袜子叠放在一起，上面的一只往里折1/3。

3 松紧口部分往里折。

4 将上面的松紧口稍微打开一些。

5 把剩余的部分塞入松紧口内，按压平整。

袜套折叠法1、2

最近流行什么？没错是袜套。到底什么是袜套，小时候，在学校或者幼儿园穿过的那种吗？

或者妈妈做家务时套在脚上的那种？不管怎样，如今袜套已经成了女人的必备之物。

但是因为袜套总是滚来滚去的，本来就没有什么存在感，所以更要从一开始就将它收好。

而且比起直接放在抽屉里来说，放在那种细长的盒子里更为合适，当然这是在袜套数量不多的情况下，

也可以和透明内衣带等小东西放在一起。而相反，如果数量很多最好按沙质、棉质等分门别类，这样穿的时候找起来才会更方便。

袜套折叠法

1 将两只袜套套在一起。

2 从脚跟部分开始向里卷。

3 然后将卷好的部分塞进袜头里。

4 袜头向上，放进收纳盒里。是不是很漂亮？

Tip

缝补漏洞袜套的方法

沙质的袜套如果破洞，一般很难缝补。因为不能像袜子那样套在手上，所以缝起来很费事。如果为了补袜套而扎到手指头就不好了，所以还是想想别的办法吧。而电灯泡就是解决这个问题的关键。将袜套套在电灯泡上，然后两手拽着灯托的部分，这样就可以轻松缝补袜套了！

是不是很有趣，这样一来缝补袜套也不再无聊了。

叠长筒袜

连袜子的种类都如此繁多，可见人生是多么复杂了。但是不可能叠了这个，不叠那个。遵循公平原则，那么就先来处理长筒袜吧。

长筒袜折叠方法

1 将长筒袜对折，脚掌部分抵住松紧口。

2 然后再对折一次。

3 将剩余部分卷起来。

4 松紧口向里折，并打开。

5 将松紧口部分翻过来，包裹住剩余部分。

6 结果一双长筒袜就被折叠得还不如半个拳头大了。

7 最后将叠好的袜子码放在盒子里放入抽屉。

叠连裤袜

和长筒袜一样，连裤袜在洗过之后多半也是被捆起来丢在一边。这样一来抽屉里只能乱七八糟了。只有从一开始就整理好，以后才能更方便。虽然叠起来有些麻烦，但为了抽屉的整齐不妨一试。

连裤袜折叠方法

1 左右对折。

2 然后再上下对折

3 将松紧口部分向里折1/3。

4 打开松紧口。

5 将剩余部分塞入松紧口中。

6 将连裤袜按压整齐。

7 连裤袜折叠完毕。

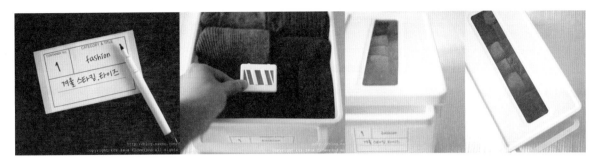

叠冬天的厚紧身袜

现在终于进入袜子部分的尾声了——紧身袜。这种厚的紧身袜一般是毛质的，

所以只要一两件似乎就能占据抽屉的大部分空间。

穿不到的时候最好放在有盖子的收纳盒里进行保管。

我曾经买了两种型号的收纳箱。大一点的用来放DVD，而小的用来放CD，正好可

以放在更衣间的架子上，所以我决定用这种大一点的放紧身袜。并且这种收纳箱的

隔断是可以调节的，所以更为方便。贴上标签，更有助于取放。

还有一点需要特别注意，那就是不要忘了放驱虫剂，否则心爱的紧身袜被虫子咬出

洞来就不好了。我选择了薰衣草味的驱虫剂。

厚紧身袜折叠方法

1 将紧身袜展平，左右对折。

2 然后再上下对折。

3 臀部突出的部分稍微往里折一点。

4 叠好之后就是这样的。

5 将松紧口部分向里折。

6 稍微打开松紧口。

7 将剩余部分塞入松紧口里。

8 按压平整即可。

9 放入贴好标签的收纳箱里。注意，不要忘记放入驱虫剂。

化妆品整理

我给化妆品转移了位置。本来是和袜子、内衣、T恤衫放在一起的，但是考虑到化妆品的功能和用途，还是觉得单独放置更好一些。所以我把它们搬到了更衣间。有些高、且不能躺着放的单独放在一个实木盒里，其他个头比较小或者躺着放也并无大碍的就收在抽屉里。

但问题是很难使用收纳箱。因为口红、睫毛膏、眼线笔……种类过多，需要分类，却因为抽屉太小根本放不了收纳箱。

最后我发现了三明治包装盒这个宝贝。不论是高度还是宽度都正合适。Ok！再加上带轮子的盒子等，化妆品瞬间就能被整理得井然有序。嗯，好满意。这样就可以了，鼓掌！

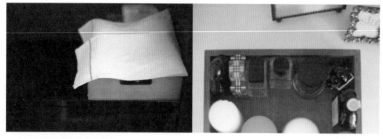

整理每天都要用到的化妆品

经常用的化妆品最好放在桌面上。不仅看起来清清楚楚，使用起来也很方便。但为了防止暴晒，我用家里剩下的毛巾给它们做了被子。

用三明治包装盒盛放化妆品

把三明治包装盒整齐地码放在抽屉里，真有成就感。

不花一分钱就可以达到这么好的收纳效果。

最后将化妆品分类放进去就可以了。

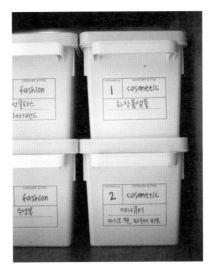

CD储存箱的作用

这些带把手、带标签的CD储存箱不仅看起来漂亮，使用起来也很方便。把泳衣、墨镜、发卡、面膜，甚至是化妆品小样等装在箱子里，像这样将4个箱子分成两层摞在一起，真是了无遗憾，心情舒畅。

将吹风机、女性用品分类放在带轮子的箱子里

像女性用品这些生活日用品放在抽屉里太占地方，而放在外面又令人不好意思，所以平时只能藏在抽屉的最下层。但我现在又想到了另一办法，那就是用这种带轮子的两层收纳箱。上面放吹风机、梳子、护肤乳等，下面放女性用品、湿纸巾、胶带等杂物。

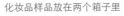

化妆品样品放在两个箱子里

家里一般都会有很多化妆品样品。可最后往往因为过了期而不得不扔掉。所以为了防止这种问题再次发生，一定要将样品分门别类归置好。我用了两个箱子来装样品。首先将样品分类放在有隔断的塑料箱里并贴上标签，然后再将这个箱子放在有盖子、带把手的CD储存箱里。

文件&杂物的收纳

东西只要能够分类，归纳整理就不是问题。因为分门别类即可，但问题是有些杂物根本无法分类，比如像时不时提回家的各种塑料袋、纸袋等。何止这些，像外卖单、各种产品的说明书、保证书、发票也是如此。但这些毫无规则、无法分类的东西要如何收纳呢？怎么办，怎么办才好？想来想去终于找到了答案。

那就是文件盒。这些原本放在工作间架子上用来盛放DIY材料的文件夹，同时可以用来盛放杂物。但，一定要贴上标签，以便查找。而我则使用了DIY中经常使用的铭牌夹，这样看起来会更加有格调。毕竟不论是人还是物，外貌都很重要。这样整理完一看，真是有种蛋糕一般的香甜感觉！

在文件盒上贴上标签

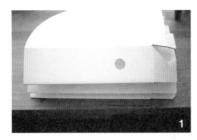

1 店里的文件盒一般都被这样打开放置。大型的文具店里都有卖，而我是从"宜家"购买的。

2 将买来的文件盒组装好。

3 在铭牌夹后面涂上胶。等胶凝固一些。

4 将铭牌夹贴在文件盒的正面。

5 然后准备一张能够塞进铭牌夹里的标签。用干净的白纸也可以。写上物品的名字即可。

6 最后将标签塞入铭牌夹就大功告成了。

每次见到空着的厨柜、盒子，我都很雀跃。仅仅想着如何装满它们，就会兴高采烈。到底放些什么才好呢？

最后心爱的布料中了头奖。忘掉那些没有家的艰辛生活吧，孩子们！

布料收纳整理

我时不时会在饭桌上给布料们开个party。动不动将布料从箱子里拿出来，喷喷水、熨一熨，谁叫我这么喜欢它们呢。虽然这样做无伤大雅，但也不能总是这样啊。否则饭在哪里吃？咖啡在哪里喝？我只是想让布料不失去原来的光彩而已。思来想去篮子、盒子都不太合适，恰巧此时这个柜子就出现了。一见倾心！不但向上开的玻璃门有一种古董的感觉，泛黄的松木也留下了岁月的痕迹。真是令人感动。这个柜子是我从朋友那里收购的，但遗憾的是我并不知道它的准确出处。如今这个柜子在工作间的一角安了家，布料放在里面也正合适，真的好有成就。

用专用储物柜存放布料

掀开储物柜上面的玻璃门就如同掀开新娘的面纱一般，而作为新娘的布料也是那样恬静美好。按大小、花色将这些布料归置在一起，简直比油画还要美。

用小盒子和工具整理碎布

图中是用来盛放碎布的实木盒子。古色古香的盒子配上更加古色古香的碎花布，真是物超所值。旁边再放上一个抽屉式的储物柜，真是连这些小布头也可以一网打尽呢。碎布的特点就是用时方恨少，所以一定要按花纹、颜色、质地好好保存！

将厚布料和尺寸大的布料放在箱中保存

这个装满布料的箱子是什么？没错，这就是我们大学时使用的收纳箱，上下各一个。照片中虽然看不到，但左边也有箱子，这样一左一右正好搭成了一张桌子。

如图所示，一块木板+4个箱子=1张实用桌子

毛料、棉织料放在下面，亚麻、棉料放在上面。

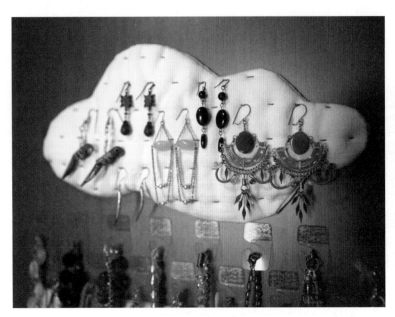

饰品收纳整理

我将耳环等首饰分门别类存放了抽屉专用收纳盒里。这种收纳盒可以在"无印良品"买到。至于饰品，最令人烦恼的大概就是那些虽然不太贵却利用率极高的小东西了，尤其是容易缠在一起的项链。当然如果只有一两件，收纳也并不难。但谁叫我如此追求时尚呢，仅项链就有50余条之多。究竟要如何将它们好好储存起来呢？挂在架子上？还是要用螺丝固定？抑或使用挂钩？但这样既不美观、也很难拆卸。思来想去我找了一个比较好的解决办法。就是利用柜门上的空间存放项链。同时我还在上面加入了用于固定耳环的挂钩。这样一来柜门里面就仿佛朵朵耳环云下，飘起了项链雨一般，而且还是连绵不断的梅雨！

不管怎样，好好整理一番，东西自然会变得比原来更整齐，用起来也更方便。而且收纳整理，原本就是越做越熟练，潜能无限。现在我越来越喜欢整理和收纳了。

制作项链挂钩的方法

1 卧室里面有个衣柜。滑门打开。

2 衣柜的立面是放置四季衣物的空间。而柜门就是我要安装项链挂钩的地方。

3 我决定上面放短小的东西，下面放比较长的东西。只要量出所需的大概长度标记在柜门上即可。然后用胶布拉出一条水平线。毕竟上下不平，看起来也不美观。

4 我选择用这种小挂钩来挂项链。因为它比其他挂钩接触面积更小，拆卸起来也更为方便。而且它还是透明的，不容易给人杂乱的感觉。PET材质更是使得其正反两面都具有粘性，只要所挂物体重量小于250g就一切OK。并且它的价格也很实惠。最后只要沿着胶布拉出来的线贴上去，挂上项链，即可。

Tip

呃！但是开门关门时叮叮当当的声音真是太让人胆战心惊了。要是磕碰坏了可怎么办，所以我又加上了一层垫子。像图中看到的那样，将棉垫缝在布上，缓冲垫就完成了。这样一来项链就老老实实地贴在柜门上了。而且缓冲垫还使用了双面胶，毕竟这样才是双保险。

1 准备2张云朵状的棉布，和棉布稍小一圈的棉垫。我一共加了5张棉垫。将棉垫放在一张棉布上，然后将它们缝在一起。

2 然后将另一张棉布附在上面，沿着边缘缝起来，最后留一个口。从里向外翻出来后，将开口缝合。

3 最后把耳环挂在针脚处即可。这就是我做的耳环挂钩。这算不算是奇思妙想呢？这就是圆圆夫人式的云朵挂钩。当然缓冲垫上也贴上了双面胶。

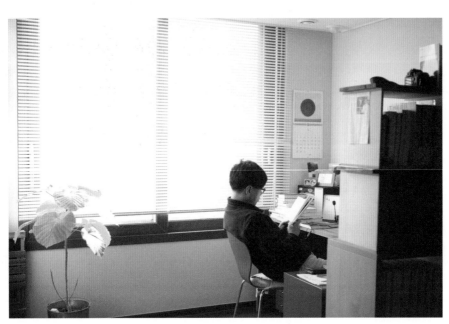

His Room

假日清晨，他坐在洒满阳光的窗边，畅游在书的海洋中。

Her Play

假日清晨，她坐在布田中，快乐地做着针线活。

时而叹息流泪，

时而满心欢喜，

整理对于女人来说，

是生活：

人活着所要做的事

在创作这本书的过程中我感慨良多。因为正是这次出书的经历，让一直忙碌的我，打开了那扇通往外部世界的窗。也曾信心不足，也曾心存歉意。感谢打开这本书的读者。因为我竟然将这些日常琐事写进书里，就像过家家一样，写写、拍拍，好像迄今为止我都不曾成熟过。

家务大家都做。所以，凡是女人的聚会，都会互相讨教一下做饭的诀窍，洗衣的秘诀。而在阳台上摆上几盆花就欣喜不已，将袜子叠得比别人整齐就得意洋洋的，也正是女人。

也曾对这样的自己很失望，因为本以为自己可以更优秀。然而被琐事绑住手脚的我却渐渐失去梦想，每想到这里都心如针扎一般痛苦。也许您也会有同样的心情，所以我开始寻找能够让我重新找回自己的小时光。

现在我懂了，对于女人来说，平淡就是另一种幸福。我必须这样想，因为除了我之外，还有谁能将我的家、我的家人照顾得如此之好呢？

每天前进一步，每天甜蜜一点，要是大家的日子都能够一直幸福下去就好了。用平淡的欢乐填满人生，用自己的双手让家人绽放笑容，让自己的人生像新鲜柠檬般有滋味。

大家一起加油！让我们在明天依然可以这样围坐在一起，谈洗衣，谈做饭，谈装修，然后一起开怀大笑。这就是我们的人生，也是我们的全部。

向每位读者致以诚挚的谢意

圆圆夫人李蕙先敬上

谢谢您倾听我的故事。

内 容 提 要

我们的生活是否已被辛劳的工作与永远处理不完的琐事填满？你是否已经对这样的人生感到厌倦？

繁忙的生活中并非没有快乐，只要偶尔停下脚步看看眼前的一切，就可能有崭新的发现。这正是圆圆夫人的生活态度。她从日常细节出发，细细记录下自己对花草园艺、家居布置、整理收纳、钩编、拼布的美好实践，编织出一段段幸福愉悦的小时光。读完本书，你将会发现原来幸福如此简单。

整理生活，也整理心情，只为遇见更好的自己。

北京市版权局著作权合同登记图字：01-2012-6893 号

살림이 좋아

Copyright © 2012 by LEE HAE SUN

All rights reserved.

Simplified Chinese copyright © 2012 by China WaterPower Press.

This Simplified Chinese edition was published by arrangement with FORBOOK PUBLISHING CO. through Agency Liang.

图书在版编目（CIP）数据

小时光：圆圆夫人的居家生活整理术 /（韩）李蕙先著；李小晨译. -- 北京：中国水利水电出版社，2013.4（2017.4重印）
ISBN 978-7-5170-0732-6

Ⅰ．①小… Ⅱ．①李… ②李… Ⅲ．①生活—知识 Ⅳ．①TS976.3

中国版本图书馆CIP数据核字(2013)第065365号

策划编辑：余楹婷　责任编辑：余楹婷　加工编辑：曹亚芳　封面设计：李佳

书　　名	小时光：圆圆夫人的居家生活整理术
作　　者	［韩］李蕙先　著　李小晨　译
出版发行	中国水利水电出版社
	（北京市海淀区玉渊潭南路 1 号 D 座 100038）
	网　址：www.waterpub.com.cn
	E-mail：mchannel@263.net（万水）
	sales@waterpub.com.cn
	电　话：（010）68367658（发行部）、82562819（万水）
经　　售	北京科水图书销售中心（零售）
	电话：（010）88383994、63202643、68545874
	全国各地新华书店和相关出版物销售网点
排　　版	北京万水电子信息有限公司
印　　刷	联城印刷（北京）有限公司
规　　格	190mm×255mm　16开本　17.75印张　120千字
版　　次	2013 年 4 月第 1 版　2017 年 4 月第 8 次印刷
印　　数	26001—31000 册
定　　价	58.00元

凡购买我社图书，如有缺页、倒页、脱页的，本社发行部负责调换

圆圆夫人邮箱
flower2nd@naver.com